# PSICOLOGIA DA EDUCAÇÃO MATEMÁTICA

## UMA INTRODUÇÃO

COLEÇÃO TENDÊNCIAS EM EDUCAÇÃO MATEMÁTICA

# PSICOLOGIA DA EDUCAÇÃO MATEMÁTICA

## UMA INTRODUÇÃO

Jorge Tarcísio da Rocha Falcão

3ª edição revista e ampliada

autêntica

EDITORAS RESPONSÁVEIS
*Rejane Dias*
*Cecília Martins*

REVISÃO
*Rosemara Dias dos Santos*
*Bruni Emanuele Fernandes*

CAPA
*Diogo Droschi*

DIAGRAMAÇÃO
*Guilherme Fagundes*

**Dados Internacionais de Catalogação na Publicação (CIP)**
**(Câmara Brasileira do Livro, SP, Brasil)**

Falcão, Jorge Tarcísio da Rocha
Psicologia da Educação Matemática : uma introdução / Jorge Tarcísio da Rocha Falcão. -- 3. ed. (rev. e apl.) -- Belo Horizonte : Autêntica, 2022. -- (Coleção Tendências em Educação Matemática).

Bibliografia
ISBN 978-85-8217-759-4

1. Matemática - Estudo e ensino 2. Prática de ensino 3. Psicologia da Aprendizagem I. Título. II. Série.

21-70791 CDD-510.7

Índices para catálogo sistemático:
1. Educação matemática 510.7

Cibele Maria Dias - Bibliotecária - CRB-8/9427

**Belo Horizonte**
Rua Carlos Turner, 420
Silveira . 31140-520
Belo Horizonte . MG
Tel.: (55 31) 3465 4500

**São Paulo**
Av. Paulista, 2.073 . Conjunto Nacional
Horsa I . Sala 309 . Bela Vista
01311-940 . São Paulo . SP
Tel.: (55 11) 3034 4468

www.grupoautentica.com.br
SAC: atendimentoleitor@grupoautentica.com.br

Ao professor Gérard Vergnaud (*1933/+2021), referência maior
como psicólogo da Educação Matemática, *in memoriam*.

# Nota do coordenador

A produção em Educação Matemática cresceu consideravelmente nas últimas duas décadas. Foram teses, dissertações, artigos e livros publicados. Esta coleção surgiu em 2001 com a proposta de apresentar, em cada livro, uma síntese de partes desse imenso trabalho feito por pesquisadores e professores. Ao apresentar uma tendência, pensa-se em um conjunto de reflexões sobre um dado problema. Tendência não é moda, e sim resposta a um dado problema. Esta coleção está em constante desenvolvimento, da mesma forma que a sociedade em geral e a escola, em particular, também estão. São dezenas de títulos voltados para o estudante de graduação, especialização, mestrado e doutorado acadêmico e profissional, que podem ser encontrados em diversas bibliotecas.

A coleção Tendências em Educação Matemática é voltada para futuros professores e para profissionais da área que buscam, de diversas formas, refletir sobre essa modalidade denominada Educação Matemática, a qual está embasada no princípio de que todos podem produzir Matemática nas suas diferentes expressões. A coleção busca também apresentar tópicos em Matemática que tiveram desenvolvimentos substanciais nas últimas décadas e que podem se transformar em novas tendências curriculares dos ensinos fundamental, médio e superior. Esta coleção é escrita por pesquisadores em Educação Matemática e em outras áreas da Matemática, com larga experiência docente, que pretendem estreitar as interações entre a Universidade – que produz pesquisa – e os diversos cenários em que se realiza essa educação. Em alguns livros, professores da educação básica se tornaram também autores. Cada livro indica uma extensa bibliografia na qual o leitor poderá buscar um aprofundamento em certas tendências em Educação Matemática.

Neste livro, Jorge Tarcísio da Rocha Falcão revê, atualiza e tenta, dessa forma, preservar o foco proposto há vinte anos, quando do aparecimento da primeira edição do presente livro. Naquela ocasião, o autor buscou apresentar ao leitor subsídios básicos para o entendimento do que seria a Psicologia da Educação Matemática. As duas vertentes escolhidas para esta apresentação, por ocasião do lançamento do presente livro, continuam válidas e foram mantidas nesta edição revista e ampliada. Na primeira vertente, o autor discute temas como Psicologia do Desenvolvimento, Psicologia Escolar e da Aprendizagem, mostrando como um novo domínio emerge dentro dessas áreas mais tradicionais. Em outra vertente, complementar à primeira, resultados de pesquisa foram revistos e atualizados, de forma a bem ilustrar a conexão desses dados de pesquisa com a prática daqueles que militam na sala de aula. O autor continua a defender ao longo do livro a especificidade e pertinência deste novo domínio, a Psicologia da Educação Matemática, na medida em que é relevante considerar o objeto ou domínio de cada processo de aprendizagem, e sugere que a leitura deste livro pode ser complementada por outros desta coleção, como *Didática da Matemática: sua influência francesa*, *Informática, Educação Matemática* e *Filosofia da Educação Matemática*.

*Marcelo de Carvalho Borba**

---

* Marcelo de Carvalho Borba é licenciado em Matemática pela Universidade Federal do Rio de Janeiro (UFRJ), mestre em Educação Matemática pela Unesp (Universidade Estadual Paulista, Rio Claro, SP), doutor nessa mesma área pela Cornell University (Estados Unidos) e livre-docente também pela Unesp. Atualmente, é professor do Programa de Pós-Graduação em Educação Matemática da Unesp (PPGEM), coordenador do Grupo de Pesquisa em Informática, Outras Mídias e Educação Matemática (GPIMEM) e desenvolve pesquisas em Educação Matemática, metodologia de pesquisa qualitativa e tecnologias de informação e comunicação. Já ministrou palestras em 15 países, tendo publicado diversos artigos e participado da comissão editorial de vários periódicos no Brasil e no exterior. É editor associado do ZDM (Berlim, Alemanha) e pesquisador 1A do CNPq, além de coordenador da Área de Ensino da CAPES (2018-2022).

# Sumário

Apresentação da edição revista e ampliada .......... 11

**Capítulo I**
A Psicologia da Educação Matemática
no contexto da Psicologia .......... 15

**Capítulo II**
A Psicologia da Educação Matemática no
contexto da pesquisa em didática da Matemática .......... 45

**Capítulo III**
Do engenheiro didático ao trabalhador em
risco psicossocial: alegrias e desventuras do professor
de Matemática em seu dia a dia .......... 81

**Capítulo IV**
Conclusão .......... 89

Referências .......... 93
Apêndice 1 .......... 103
Apêndice 2 .......... 105

# Apresentação da edição revista e ampliada

Pouco mais de vinte anos se passaram desde a proposição do presente volume, que buscou fornecer uma visão introdutória acerca do que se considerava, à época, este domínio de reflexão teórica, pesquisa e aplicação recoberto pela denominação *Psicologia da Educação Matemática*. Nessa iniciativa de há vinte anos, buscamos situar este domínio de conhecimento e prática profissional como necessariamente interdisciplinar, gerado a partir de contribuições de uma Psicologia Geral, ciência voltada basicamente para o estudo das funções mentais básicas e superiores, dos afetos, emoções e motivações que caracterizam a atividade psíquica e o comportamento humano (cf. https://tinyurl.com/3sthf2ep). Dada a abrangência de escopo da Psicologia Geral, observávamos que as contribuições de maior interesse para a constituição de domínio da psicologia com contribuições para a Educação Matemática seriam oriundas mais especificamente de determinados setores da psicologia, como a psicologia do desenvolvimento, a Psicologia da Aprendizagem e da Memória, a psicologia da consciência e da atenção, a Psicologia Escolar e da educação, a psicologia dos processos cognitivos complexos (linguagem, conceptualização, resolução de problemas) (cf. Da Rocha Falcão, 2021). As duas décadas desde a aparição deste livro evidenciaram, por outro lado, o crescimento em importância das contribuições de um domínio não propriamente de especialização setorial da psicologia, como os mencionados acima, mas sobretudo um domínio interdisciplinar, a Neuropsicologia. Tal domínio interdisciplinar trouxe elementos importantes para a compreensão do desenvolvimento (com seus obstáculos) do pensamento matemático em termos de seus correlatos cerebrais (cf. Hazin; Da Rocha Falcão, 2006). Tal discussão, que se insere no debate mais amplo da dinâmica mente-cérebro, vem sendo abordada desde a década de 1920 (cf. Luria, 1981; 1994). Não obstante, depois da chamada "década do cérebro",[1] a abordagem pelas chamadas neurociências de facetas do humano – desde o desenvolvimento e envelhecimento, consciência em seus diversos patamares, bem como produção de significado e aprendizagens de conteúdos variados –, tal gama de fenômenos abordados teve ampliação exponencial (cf. Ribeiro, 2013). Tal movimento científico-acadêmico e sociocultural motivou a ampliação de abordagens neuropsicológicas no âmbito da Psicologia da Educação Matemática na presente edição revista que ora oferecemos.

Conservamos, aqui, a mesma estrutura anteriormente proposta para o presente livro (Capítulos I e II), com o acréscimo de um novo capítulo voltado para a prática profissional do professor de Matemática (Capítulo III). Os dois primeiros capítulos buscam, como anteriormente, traçar um quadro teórico em cujo contexto surgiu e se firmou o domínio da Psicologia da Educação Matemática. O objetivo, aqui, foi mostrar a conexão deste novo domínio com mudanças importantes na Psicologia Escolar e na Psicologia da Aprendizagem e do Desenvolvimento (Capítulo I). Em seguida, no Capítulo II, são oferecidos recortes teóricos considerados centrais em Psicologia da Educação Matemática, recortes estes referentes à atividade matemática, aos processos de aprendizagem e desenvolvimento e conceptualização – este último partindo de considerações gerais –, mas sem se perder de vista aspectos relacionados às especificidades dos conceitos matemáticos e científicos.[2] Este segundo capítulo se completa com a abordagem de um aspecto que nos parece quase que obrigatório para a consolidação da especificidade da Psicologia da

[1] A chamada "década do cérebro" refere-se, como bem descrito pelo neurocientista Sidarta Ribeiro, ao período histórico ocorrido nos EUA na década de 1990, durante o qual esforço sinérgico envolvendo matemática, física, química, biologia, psicologias, filosofia e artes configurou a explosão das neurociências, que contaram com o apoio governamental, bem como uma disseminação social, ambos inéditos (RIBEIRO, 2013).

[2] Pois, como bem escreveu Gérard Vergnaud (1990), nesta que se tornou uma de suas máximas, "o conhecimento é sempre conhecimento de alguma coisa".

Educação Matemática enquanto partícipe do mutirão interdisciplinar que contribui para a teoria e pesquisa em Educação Matemática: trata-se da consideração das emoções e da afetividade não somente como atravessamentos na atividade matemática, mas como aspectos dela constitutivos (cf. Vygotsky, 1998; Damásio, 1996). Conforme ressaltei em uma palestra proferida por ocasião do 25º aniversário do grupo internacional Psychology of Mathematics Education (PME),[3] ou bem a contribuição psicológica se adensa e se especifica no contexto da Educação Matemática ou nos tornaremos descartáveis nessa comunidade (Da Rocha Falcão, 2001). O Capítulo II completa o quadro com iniciativas concretas de pesquisa, todas elas em diálogo com o quadro teórico esboçado anteriormente (pesquisas partem da teoria e a ela retornam!). Buscou-se, nesta parte, fornecer exemplos de pesquisa característicos do domínio da Psicologia da Educação Matemática, de forma a permitir ao leitor um vislumbre do que seria o foco temático (e a contribuição específica) de tal domínio.

O Capítulo III buscou abrir espaço, nesta breve apresentação da Psicologia da Educação Matemática, para aspectos referentes ao fazer profissional, ao ofício de professor de Matemática, convocando aqui as contribuições de domínio da Psicologia anteriormente ausente: a Psicologia do Trabalho. Ora, em muitos pontos dos Capítulos I e II mencionados acima surgem aspectos relacionados a iniciativas didáticas, contratos didáticos, ferramentas pedagógicas, metáforas conceituais. Essas são classicamente iniciativas da alçada do professor de Matemática, mas se referem a este participante do processo como um engenheiro didático, fazendo-se aqui apelo à terminologia consagrada pela *didactique des mathématiques* (didática da matemática) francófona (Douady, 1986; Musial; Pradère; Tricot, 2012; Da Rocha Falcão, 2017). Ficam de fora dessa abordagem, usualmente, aspectos referentes ao *gênero profissional* do professor de Matemática, aquilo que socialmente se espera que o professor de Matemática *faça*, que ele ou ela *seja*; ficam fora aspectos relacionados às vivências de satisfação ou frustração desse professor em sua lida profissional, frustrações que podem eventualmente se cristalizar em quadros de esgotamento profissional (*burnout*) ou outros tipos de comprome-

[3] Ver seção 2 a seguir, para um breve histórico acerca desse grupo.

timento da saúde física e mental deste trabalhador. A Psicologia do Trabalho tem dedicado especial atenção aos processos de precarização da atividade de trabalho (Da Rocha Falcão; Silva Messias; Mascarenhas De Andrade, 2020), e tais estudos têm mapeado o ofício profissional docente como correndo riscos psicossociais importantes no contexto contemporâneo de precarização da atividade de trabalho – dentre tais docentes, o professor de Matemática tem ocupado, no Brasil e em outros países do mundo, lugar de destaque em termos do referido processo de precarização. O Capítulo III busca suprir a omissão desta importante faceta do fazer profissional do professor de Matemática, potencial leitor do presente livro.

Os pontos de recorte escolhidos para este livro não pretendem ser, naturalmente, representativos de uma visão hegemônica, ou simplesmente "melhor" ou "mais verdadeira" acerca da Psicologia da Educação Matemática. Por outro lado, no contexto de um volume introdutório como este, não seria possível proceder a um levantamento amplo, recobrindo uma gama razoavelmente ampla de visões. Optou-se, então, por expor clara e honestamente *uma* visão de recorte teórico, que, se não deve ser considerada "a" visão teórica, pode honestamente ser vista como *uma* visão representativa da reflexão em Psicologia da Educação Matemática. Como bem escreveu Georges Canguilhem (2006), nenhuma teoria deveria ser vista como uma "igreja", mas sobretudo como um "canteiro de obras".

Nosso intuito, estabelecido quando da proposição inicial do presente livro e mantido no presente esforço de revisão e atualização, foi proporcionar ao leitor uma ideia resumida, porém pertinente da Psicologia da Educação Matemática, fornecendo argumentos no sentido de que tal domínio de reflexão e pesquisa tem um lugar específico na comunidade mais ampla da Educação Matemática. Esperamos que, vinte anos depois da proposição do texto inicial, os argumentos nessa direção ainda encontrem acolhida junto ao leitor e à leitora e que lhes motivem a percorrer estas páginas, e que esse leitor e essa leitora possam, ainda e sempre, desfrutar de uma leitura proveitosa e prazerosa!

*Jorge Falcão*

*Natal, Rio Grande do Norte, 2022.*

Capítulo I

# A Psicologia da Educação Matemática no contexto da Psicologia

*Em que consiste a Psicologia da Educação Matemática? Como surgiu e a que se refere?*

A Psicologia da Educação Matemática é um domínio recente de pesquisa, reflexão teórica e aplicação prática, tendo como foco de análise a atividade matemática e buscando oferecer subsídios especificamente psicológicos para o debate interdisciplinar referente ao campo mais amplo da Educação Matemática. Exemplos clássicos da contribuição da Psicologia da Educação Matemática são mencionados no capítulo seguinte deste livro, mas desde já gostaríamos de comentar que, ao nosso ver, tais contribuições buscam se diferenciar de outras ao reunir simultaneamente três aspectos: em primeiro lugar, uma clara preocupação com a atividade mental de um sujeito humano real, ou seja, inserido em contexto histórico-cultural específico, onde exercitará diversas atividades de aprendizagem (desde a imitação e o faz de conta da primeira infância até a aprendizagem complexa de heurísticas de resolução de problemas, no contexto de trabalho real extraescolar), movido por motivações variadas e diversamente impregnadas de afetos. Em segundo, uma preocupação com a conceptualização *em Matemática*, dado que a abordagem da conceptualização em termos genéricos, como propõem alguns setores da Psicologia Geral, não dá conta da agenda de problemas da comunidade de Educação Matemática (abarcando professores e alunos). Em terceiro e último lugar, cabe mencionar finalmente o compromisso com a construção de conhecimento científico, o que demanda a explicitação de um determinado conjunto de premissas epistemológicas, metodológicas e teóricas que dão apoio à montagem e interpretação das situações de pesquisa propostas.

Em nossa avaliação, dois aspectos da história recente da Psicologia contribuíram para o surgimento e continuidade da Psicologia da Educação Matemática: em primeiro lugar, mencionaríamos certa mudança de perfil pela qual vem passando outro domínio da psicologia, qual seja a Psicologia Escolar. Em segundo, cabe igualmente mencionar determinadas influências teóricas que se consolidaram nas últimas décadas no domínio da Psicologia da Aprendizagem e do Desenvolvimento.

Conforme ressaltam M. Correia e A. H. Campos, a Psicologia Escolar tem-se caracterizado tradicionalmente por uma combinação de assessoria psicométrica, destinada à detecção, via testes específicos, daqueles alunos ditos "especiais", e de assessoria clínica, voltada para a abordagem da esfera relacional-afetiva do aluno, na maioria das vezes através de entrevistas e aconselhamento com as respectivas famílias (Correia; Campos, 2000). No contexto de tal perfil tradicional de trabalho, a Psicologia Escolar se restringia ao espaço dos Serviços de Orientação Educacional (SOEs), sem uma participação mais efetiva e direta nas questões propriamente didático-pedagógicas da escola (referimo-nos aqui àquelas questões relativas ao dia a dia das disciplinas, como avaliação, escolha do livro didático, estabelecimento de eixos curriculares por nível de ensino e conteúdo etc.). Ora, de uns tempos para cá, conforme referem J.T. da Rocha Falcão, L. Meira e M. Correia, esse perfil mudou na direção de uma contribuição centrada no trabalho específico em sala de aula[1] (Da Rocha Falcão; Meira; Correia, 2001). Conforme comentado acima, tais mudanças na Psicologia Escolar refletiram,

[1] Como resultado dessa mudança de perfil, começam a haver certas disputas corporativas dos psicólogos escolares com os psicopedagogos, conforme relatado por S. J. e Souza (1996).

por sua vez, determinadas reformulações teóricas no domínio da Psicologia da Aprendizagem e do Desenvolvimento; tais mudanças disseram basicamente respeito à passagem de uma Psicologia da Aprendizagem no *intransitivo* para a Psicologia da Aprendizagem de *alguma coisa*, ou seja, a Psicologia da Aprendizagem de conteúdos específicos: matemática, física, química, linguagem, conceitos ético-morais, ciências sociais etc.

A mudança da abordagem da Psicologia da Aprendizagem e do contexto de atividade do psicólogo escolar abriu terreno para contribuições que, no âmbito da Educação Matemática, ajudam a explicar o surgimento e fortalecimento da Psicologia da Educação Matemática. Em termos históricos, alguns marcos devem ser mencionados: primeiramente, cabe mencionar o surgimento, em 1976, do grupo internacional Psychology of Mathematics Education, por ocasião do III International Congress on Mathematics Education (NCTM, 1977), realizado na cidade alemã de Karlsruhe. Tal grupo nasce como uma espécie de "dissensão" no interior do grupo internacional de maior relevo em Educação Matemática até então (o ICME – International Congress on Mathematics Education), representando o desejo de parcela importante da comunidade de pesquisadores no sentido de "[...] promover e estimular a pesquisa interdisciplinar em Educação Matemática, com a cooperação de psicólogos, matemáticos e educadores matemáticos". Dois outros marcos históricos, agora diretamente conectados ao Brasil, foram a realização, pela primeira em nosso País, da 19ª Reunião Anual do grupo PME, tendo como anfitrião o programa de pós-graduação em psicologia da Universidade Federal de Pernambuco, em Recife, e a fundação, em 1996, do grupo de trabalho "Psicologia da Educação Matemática" no âmbito da Associação de Pesquisa e Pós-Graduação em Psicologia (ANPPEP). Mais recentemente, cabe destacar a publicação da obra *Mathematical Reasoning of Children and Adults: Teaching and Learning from an Interdisciplinary Perspective*, sob a liderança da pesquisadora brasileira recifense Alina Galvão Spinillo (cf. Spinillo; Labres Lautert; Souza Rosa Borba, 2021).

Feita esta breve introdução acerca do surgimento da Psicologia da Educação Matemática, discutiremos no capítulo seguinte o foco de atenção desse domínio: a atividade matemática.

## *Atividade matemática: contexto cultural complexo e diverso de construção de significado em matemática*

Quando falamos aqui em atividade matemática, propomos um contexto complexo de atividades que abarca não somente o contexto escolar, mas igualmente o contexto da "matemática da rua", ou matemática do dia a dia, e a chamada "matemática dos matemáticos" (para uma discussão aprofundada acerca destes três contextos, ver o texto já considerado histórico de Carraher; Carraher; Schliemann, 1987; 1988). Esta tripolaridade abarcada pelo termo genérico atividade matemática é ilustrada esquematicamente pelo Quadro 1 que se segue. Conforme sugerido por tal quadro, a matemática da escola diz respeito àquelas atividades que se passam em um contexto bastante específico, a sala de aula de matemática na escola (Meira; Da Rocha Falcão, 1994).

Quadro 1 – A atividade matemática como foco tripolar recoberto pela Psicologia da Educação Matemática.

| **Atividade matemática** | | |
|---|---|---|
| Matemática escolar | Matemática extraescolar | Matemática dos matemáticos |
| Conjunto de iniciativas estruturadas voltadas para a negociação, em contexto cultural específico (*sala de aula*), de atividades voltadas para o desenvolvimento conceitual em matemática. | Conjunto de atividades envolvendo conhecimentos matemáticos no contexto de situações extraescolares culturalmente significativas (comércio, práticas profissionais). | Corpo de conhecimentos socialmente compartilhado, epistemologicamente delimitado e praticado por grupos profissionais-institucionais específicos: os centros de produção de conhecimento matemático acadêmico |
| • **Didática de conteúdos específicos**<br>• **Psicologia Escolar** | • **Psicologia social**<br>• **Antropologia da Matemática, Etnomatemática** | • **Epistemologia da Matemática**<br>• **História da Matemática** |
| **Psicologia da Educação Matemática** | | |

Neste contexto, as interações são regidas por normas e expectativas (explícitas ou implícitas) que configuram o que G. Brousseau denominou inicialmente "contrato didático" (o Quadro 2, a seguir, dá exemplos de itens usuais de contrato didático na sala de aula de matemática, de acordo com algumas pesquisas em Psicologia da Educação Matemática).

Quadro 2 – Breve amostra de itens usuais de contrato didático na sala de aula de matemática brasileira (D'Ambrosio, 1986; 1993; Da Rocha Falcão; Loos, 1999; Schubauer-Leoni, 1986).

- Meninos se saem melhor em matemática que meninas.
- Todo problema de matemática tem uma (e apenas uma) solução, e o professor é sempre capaz de chegar a tal solução.
- Pessoas inteligentes frequentemente se saem bem em matemática; quem se sai bem em matemática é sempre inteligente (não é possível se sair bem em matemática sendo "burro"...).
- A adição e a subtração vêm ***antes*** da multiplicação e divisão.
- Somente é possível ensinar álgebra ***depois*** da aritmética.
- A matemática está no universo, independentemente dos homens.

A matemática extraescolar diz respeito àquelas atividades desenvolvidas em contexto cotidiano (comercial, técnico-profissional, doméstico etc.), tendo igualmente características próprias, conforme ressaltam alguns autores, como G. Saxe, que analisou o ciclo bastante complexo de atividades de meninos de rua de Recife, em sua atividade comercial de venda de bombons (Saxe, 1991), e J. Lave e colaboradores, em suas interessantes análises acerca da atividade matemática de membros dos Vigilantes do Peso, em suas verificações da quantidade de calorias ingeridas/dia, tendo em vista metas de emagrecimento (Lave; Rogoff, 1984; Lave, 1988; Lave; Smith; Butler, 1988). Finalmente, há que considerar a matemática enquanto atividade dos chamados matemáticos profissionais ou pesquisadores matemáticos. Convém desde logo ressaltar que a menção a tal contexto de atividade matemática não confere ao mesmo o caráter de "matemática superior" ou "verdadeira matemática". Por outro lado, haja vista que os conteúdos ministrados em sala de aula vêm efetivamente de um contexto de produção de saber, sofrendo transformações e "adaptações" para uso em sala de aula, num fenômeno descrito por Y. Chevallard como transposição didática (Chevallard, 1985), não poderíamos deixar de mencionar aqui este contexto (ver, a este respeito, Pais, 1999; 2002). Trata-se de um contexto humano como outro qualquer, mas, da mesma forma que os contextos anteriores têm suas especificidades, aqui também é possível falar de características distintivas próprias.[2]

Outra forma de visualizar a atividade matemática é ilustrada pelo esquema contido na Figura 1 abaixo. Conforme sugere tal esquema, tem-se a atividade matemática como algo que se passa em contexto específico (a atividade escolar), envolvendo basicamente um conteúdo, professores e alunos, mas sem que se perca de vista que este contexto específico se insere em contexto mais amplo, aquele referente às práticas culturais cotidianas extraescolares e à matemática enquanto domínio epistêmico socialmente compartilhado.

Figura 1 - A atividade matemática como foco tripolar, recoberto pela Psicologia da Educação Matemática.

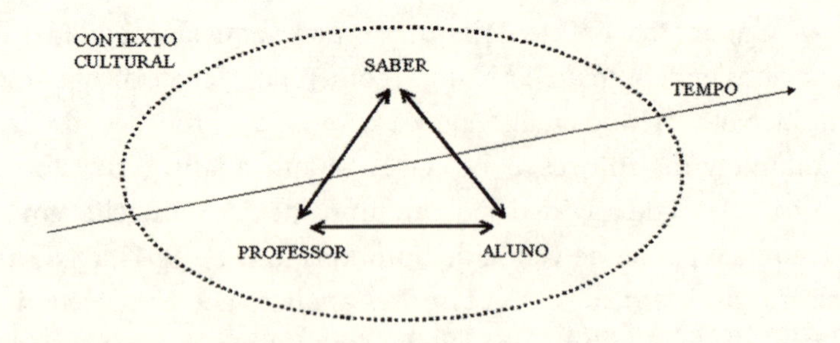


Feitas as presentes considerações acerca da atividade matemática, cabe agora adensar determinados aspectos teóricos referentes

[2] Para uma discussão aprofundada do contexto de produção do saber científico em geral, ver B. Latour (2000).

a dois processos psicológicos fundamentais para as contribuições da Psicologia da Educação Matemática: são eles a aprendizagem e o desenvolvimento.

## *Abordagem teórica da aprendizagem e do desenvolvimento e sua importância para a Psicologia da Educação Matemática*

As questões referentes à aprendizagem têm-se constituído como tópico de interesse histórico da psicologia desde o surgimento formal desta disciplina, no século XIX. Naquela época, discutiam-se, com E. Thorndike, questões referentes a princípios gerais de aprendizagem, e tais princípios se propunham de fato a ser tão gerais que não só aplicar-se-iam a vários conteúdos, mas também a sujeitos humanos e não humanos: ficaram clássicas as pesquisas deste autor com pombos, gatos e galinhas (Thorndike, 1932). Mais adiante, surgem as contribuições de I. P. Pavlov, referentes ao princípio do condicionamento clássico como aspecto explicativo central dos processos de aprendizagem. Este autor descobriu, por acidente, que um estímulo poderia passar a desencadear uma resposta que anteriormente não era capaz de desencadear (uma sineta que provocava salivação em um cachorro em observação no laboratório de Pavlov), desde que tal estímulo seja associado a outro, como um pedaço de carne fresca, que naturalmente desencadeava tal resposta. Pavlov abria com isto toda uma época histórica em que a Psicologia passou a considerar o processo de aprendizagem como algo essencialmente exógeno, decorrente da acumulação de condicionamentos, sendo o objeto de estudo por excelência de tal psicologia os comportamentos do aprendiz, comportamentos estes indicadores (ou não) de tal processo de aprendizagem. Referimo-nos, aqui, à perspectiva "comportamentalista" ou ("behaviorista") de aprendizagem. Para essa perspectiva, aprendizagem e desenvolvimento perdem sua especificidade e sua razão de ser enquanto problemática válida da psicologia, sendo ambos amalgamados e assimilados à ideia de mudança comportamental modelada.

Apesar da força com que tal perspectiva se estabeleceu na psicologia na primeira metade do século XX, ela foi confrontada a críticas profundas da parte de outro grupo de teorias, ao qual atribuímos aqui o rótulo genérico de Construtivismo. Tais críticas tornaram a perspectiva associacionista menos utilizada no âmbito global da pesquisa em Psicologia da Aprendizagem, mas disso não se pode em absoluto concluir que tal perspectiva deva (ou possa) ser relegada a um limbo de esquecimento completo, a uma espécie de "lixeira" de teorias obsoletas. O Esquema 1 a seguir ilustra a razão segundo a qual as contribuições dos associacionistas-behavioristas não podem ser consideradas "mortas e acabadas":

Esquema 1 – A lógica da publicidade e a lógica pavloviana do condicionamento clássico (cf. Pavlov, 1974).

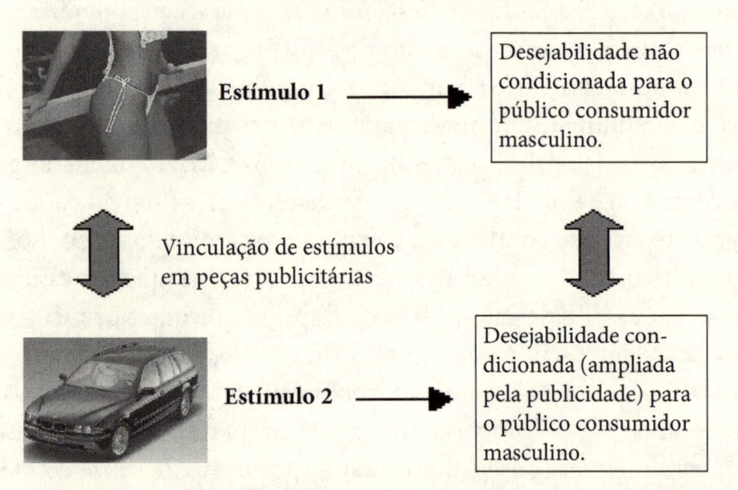


Conforme ilustrado acima, a (psico)lógica de montagem de peças publicitárias (notadamente em mídia televisiva) repousa claramente sobre a arquitetura básica de condicionamento proposta inicialmente por I. P. Pavlov, a partir de suas observações com a salivação de cães (Pavlov, 1974). Tal lógica (ou estratégia básica) da publicidade, que consiste em impregnar itens de venda/consumo (como é o caso do automóvel no Esquema 1 acima) com forte carga de desejabilidade preestabelecida para determinado segmento de consumidores potenciais (como é o caso de corpos femininos jovens, belos e seminus para parcela do público masculino), nos permite dizer que os princípios associacionistas de modelagem de comportamento podem ser considerados estreitos, insuficientes ou equivocados em termos de teoria do humano que lhes é subjacente, mas não estão propriamente mortos! A perspectiva associacionista pode ser criticada por sua pretensão em propor um paradigma para a aprendizagem baseado na modelagem de comportamento, mas isso não significa que aspectos importantes explorados por esta perspectiva devam ser negados (sob pena dos psicólogos terem de "reinventar a pólvora" daqui a algumas décadas, o que infelizmente acontece quando se instala o modismo em termos de discussão teórica). Amplos segmentos da prática escolar em sala de aula, bem como do funcionamento social em geral,[3] repousam sobre princípios associacionistas-behavioristas, o que veda a quem se interessa por aprendizagem o direito de desconhecer negligentemente este bloco teórico, mesmo que o critique intensamente, como é o caso da perspectiva construtivista, que passamos a comentar em seguida.

A perspectiva construtivista, em sua crítica central ao associacionismo, parte do pressuposto segundo o qual não se pode arbitrariamente relegar o indivíduo cognoscente, que recebe estímulos e reage a eles, a uma mera "caixa negra". Nesse sentido, o filósofo E. Kant fornece as bases filosófico-epistemológicas para a crítica dos construtivistas ao caráter fortemente empiricista da visão behaviorista da aprendizagem, quando chama a atenção para o fato de que "[...] certos conhecimentos escapam do conjunto de experiências possíveis, e, graças aos conceitos, para os quais a experiência concreta não pode fornecer objeto correspondente algum, parecem estender o conhecimento para além dos limites da experiência" (Kant, 1996, p. 35). Para tal perspectiva, não é absolutamente possível abordar a cognição humana sem fazer apelo a construtos teóricos, tais como conceitos, esquemas, operações e cálculos,[4] inferidos a partir da ação do sujeito sobre o real circunjacente. Tal ação, por sua vez, enquanto ação de um organismo complexo e estruturado, não se restringe jamais a uma resposta completamente explicada pelo estímulo, mas traduz antes uma assimilação (Piaget, 1970) deste estímulo ao próprio organismo,

[3] Para uma ilustração desse ponto, remeto o leitor às obras de B. F. Skinner (notadamente, 1972; 1982).

[4] No sentido amplo do termo, abrangendo o cálculo lógico-proposicional.

cuja resposta assume o caráter mais complexo de resposta do organismo ao estímulo (ao invés de resposta ao estímulo).

A face mais conhecida da perspectiva construtivista é, sem dúvida nenhuma, representada pelo cognitivismo estruturalista piagetiano. Não obstante tal fato, é preciso fazer justiça à Psicologia da Gestalt como um precursor historicamente importante de tal perspectiva: a distinção estabelecida por Max Wertheimer entre pensamento reprodutivo e produtivo marca uma primeira crítica teórica importante ao elementismo reprodutivista do behaviorismo à época vigente. Para Wertheimer, o pensamento produtivo implica em uma reorganização das informações do problema que vai muito além do ensaio-e-erro caracterizador do processo de resolução de problemas dos associacionistas (Wertheimer, 1959). Mas a riqueza do programa teórico-epistemológico dos gestaltistas não se fez acompanhar de dados empíricos correspondentes. Tal fato, aliado a uma completa ausência de perspectiva desenvolvimentista para o conhecimento, constitui-se nos dois elementos centrais da crítica piagetiana ao estruturalismo gestaltista.

Para Inhelder, Bovet e Sinclair (1977, p. 14-21), três aspectos caracterizam o cognitivismo estruturalista piagetiano, distinguindo-o dos demais, conforme resumido no Quadro 3. Tais aspectos seriam os seguintes:

Quadro 3 – Três aspectos caracterizadores do cognitivismo estruturalista piagetiano (a partir de Inhelder; Bovet; Sinclair, 1977).

| | |
|---|---|
| **Cognitivismo Estruturalista Piagetiano** | 1. DIMENSÃO BIOLÓGICA: as condutas cognitivas se inserem num organismo dotado de estruturas de caráter adaptativo.<br>2. INTERAÇÃO DOS FATORES SUJEITO-MEIO: relação de interdependência entre o sujeito conhecedor e o objeto a ser conhecido. (equilíbrio → desequilíbrio → reequilibração)<br>3. CONSTRUTIVISMO PSICOGENÉTICO: diferenças qualitativas importantes entre o pensamento da criança e do adulto. |

1) A dimensão biológica: “naturalista sem ser positivista”, a perspectiva teórica piagetiana propõe inicialmente que as condutas

cognitivas se inserem num organismo dotado de estruturas gerais de caráter adaptativo. Nesse sentido, a formação das primeiras condutas de adaptação cognitiva da criança constituir-se-ia em processos de assimilação a partir de estruturas biologicamente preexistentes: seria, por exemplo, o caso da criança que assimila elementos novos, como chupar objetos quaisquer, a estruturas programadas geneticamente, como o reflexo de sucção.

2) A interação dos fatores sujeito-meio: trata-se da proposição de uma relação de estreita interdependência entre o sujeito conhecedor e o objeto a ser conhecido. Correlativamente, Piaget propõe que o instrumento fundamental no processo de desenvolvimento da cognição não é a percepção, como propõe a perspectiva empirista, mas a ação (Piaget, 1970, p. 12). Neste processo de construção, Piaget ressalta que a objetividade não aparece como algo atingido de forma imediata e espontânea, mas sim ao longo de um processo de elaboração e descentração, envolvendo uma série de desequilíbrios e reequilibrações das estruturas operatórias (Piaget, 1975).
3) O construtivismo psicogenético: trata-se, finalmente, da proposição de diferenças qualitativas importantes entre o pensamento da criança e o pensamento do adulto, encarando-se o desenvolvimento da cognição enquanto processo psicogenético marcado por etapas (estágios) caracterizado por estruturas operatórias específicas e hierárquicas. Tal hierarquia não é descontínua, mas estabelece uma continuidade integrativa entre os estágios, fundada num princípio explicativo único que remete aos aspectos adaptativos gerais inicialmente referidos.

Várias das críticas[5] à perspectiva construtivo-estruturalista piagetiana coincidem na menção a um aspecto: ao tratar o conhecimento em termos de estruturas lógico-operatórias genéricas, fica difícil explicar as diferenças de desempenho, para sujeitos em um mesmo patamar de desenvolvimento, entre tarefas diversas, porém, vinculadas a uma mesma estrutura operatória. Este é o caso clássico das

[5] Weil-Barais (1993); Weil-Barais, Lemeignan e Séré (1990).

diferenças de desempenho ("decalagens") entre algumas tarefas de conservação. A tal crítica acrescenta-se outra, que prepara o terreno para o que se convencionou chamar de "construtivismo pós-piagetiano": a proposta piagetiana, baseada em modelos estruturais lógico-operatórios de natureza genérica, não leva suficientemente em consideração aspectos referentes a domínios de conhecimento específicos (físicos, matemáticos, linguísticos), que contêm, cada um, obstáculos epistemológicos (Bachelard, 1996) próprios, não completamente assimiláveis a aspectos lógico-operatórios (Vergnaud, 1987). Tal crítica nos conduz ao capítulo seguinte desta primeira parte, referente à discussão de alguns aspectos fundamentais para o processo psicológico de conceptualização.

## *Abordagem da conceptualização como processo psicológico complexo: dos conceitos taxonômicos aos conceitos modelares*

*(ou das razões pelas quais o conceito de "gato" é radicalmente diverso de qualquer conceito matemático)*

A questão do conceito tem sido direta ou indiretamente explorada em todas as fenomenologias da consciência desde Aristóteles. A psicologia tentou, com W. Wundt (1832-1920), na primeira hora de seu processo de constituição enquanto corpo de conhecimento formal, enfatizar os processos senso-perceptivos "diretamente observáveis e mensuráveis", mas logo em seguida abriu espaço em sua agenda de pesquisa para o estudo das "representações internas" e dos "processos mentais superiores", com H. Ebbinghaus (1850-1909) em seus estudos acerca da memória. Nesta mesma época histórica, a introspecção é o método de escolha para a abordagem científica do pensamento.

Conforme discutimos na seção anterior, I. P. Pavlov (1849-1936) e E. Thorndike (1874-1949), com seus estudos acerca da aprendizagem utilizando animais, representaram um marco histórico importante de reação crítica à abordagem introspeccionista. Tal reação ensejou essencialmente um movimento de caráter empiricista e positivista na psicologia que culminou, com os trabalhos de J. B. Watson (1878-1958), na exclusão total dos processos mentais "não observáveis" e na eleição de um único objeto de estudo válido, o comportamento, visto em termos de resposta objetivamente registrável a um ou mais estímulos igualmente registráveis. O vigor deste movimento relegou o estudo dos conceitos ao limbo pré-científico do mentalismo; não obstante, a hegemonia histórica do empíreo-behaviorismo foi apenas relativa, visto que este mesmo período se caracterizou pelo fortalecimento da psicometria, pela Gestalt e pela importante corrente de ideias representada pela psicanálise. Tal lista não estaria completa, contudo, sem se mencionar as contribuições teóricas de J. Piaget (1896-1980) e de L. S. Vygotsky (1896-1934), se bem que a produção deste último, cronologicamente contemporânea de Piaget, somente viria à luz no ocidente décadas depois, apesar de seu inegável valor teórico.

Segundo a perspectiva do filósofo alemão E. Cassirer, é possível distinguir duas perspectivas básicas no que diz respeito à abordagem do conceito: há, em primeiro lugar, uma perspectiva que poderíamos chamar de taxonômica (Cassirer a denomina clássica) e uma outra denominada funcional (Cassirer, 1977; Da Rocha Falcão, 2003). Segundo a perspectiva taxonômica, o conceito seria uma ferramenta cognitiva que tornaria possível a ordenação do real em classes de fenômenos constituídas a partir de um critério, de um traço comum a tais fenômenos. Nesta mesma ordem de ideias, a base constitutiva do conhecimento seria a percepção, e os conceitos seriam índices de caráter essencialmente descritivo. Esta captura conceitual da realidade é ilustrada pelo esquema a seguir:

Esquema 2 – A constituição do conceito segundo a perspectiva taxonômica.

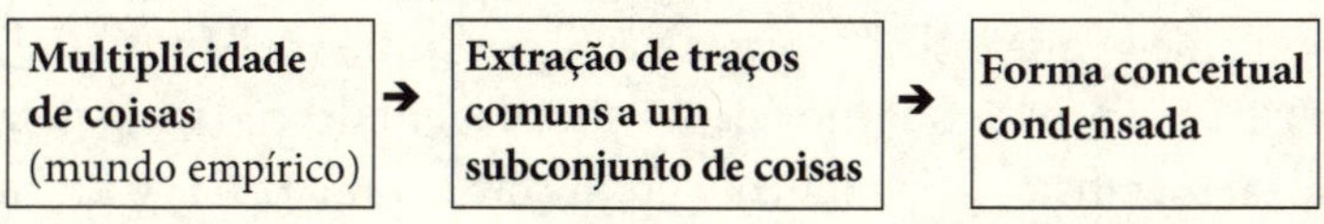


Uma vez atingida uma forma conceitual condensada, tal forma passa a conviver com outras formas de mesmo nível de generalidade, o que permite a retomada da atividade de extração de traços comuns, agora a um nível mais elaborado, rumo a uma nova forma conceitual condensada mais abrangente. A ordenação do real segundo tal procedimento conduziria, assim, ao estabelecimento de uma classificação hierarquizada, de uma pirâmide taxonômica em que a generalidade (e consequente perda de informação) seria crescente da base para o ápice, conforme ilustrado abaixo:

Esquema 3 – A pirâmide conceitual clássica
(reproduzido de Da Rocha Falcão, 1992).

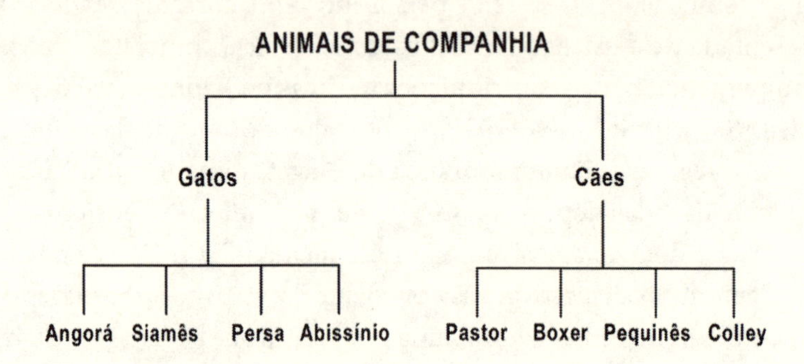


A premissa epistemológica de base em tal abordagem é clara: o conhecimento seria essencialmente exógeno, cabendo ao conceito a explicitação de uma certa ordem inerente aos objetos do mundo empírico. Tal ponto de vista remonta a Aristóteles (Cassirer, 1977), para quem o traço comum a uma categoria, elemento fundamental do conceito, conduziria em última análise à dimensão metafísica, essencial (no sentido estrito deste termo) da realidade: "[...] o que as coisas têm em comum, da forma mais autêntica e em última instância, coincide com as forças criadoras de onde tais coisas procedem, e conforme às quais elas se organizam" (segundo Cassirer, 1977, p. 18). Os herdeiros modernos de tal abordagem descartam o alcance do ideal metafísico aristotélico, porém conservam o núcleo essencial da fé empírica quando afirmam, por exemplo, que "[...] impressões coloridas e sonoras, odores e gostos, sensações musculares, percepções de pressão e de contato são o único e exclusivo substrato sobre o qual edificar-se-á o mundo do físico" (Cassirer, 1977, p. 139).

Em Psicologia, tal perspectiva epistemológica clássico-aristotélica, que atribui um papel central à atividade de extração de informação no processo de desenvolvimento conceitual, teve influência considerável. Em tal paradigma de pesquisa, parte-se do pressuposto segundo o qual os conceitos seriam formados a partir da "captura" lógica de certos traços e regras, buscando-se reproduzir artificialmente, em laboratório, tal processo, cujas etapas foram sintetizadas por E. Cauzinille-Marmèche e colaboradores (Cauzinille-Marmèche; Mathieu; Weil-Barais, 1985) na forma abaixo resumida:

i) Observação sistemática do conjunto de traços imediatamente "salientes" (modalidades e dimensões) dos objetos dados a conhecer;
ii) estabelecimento de um conjunto de hipóteses de organização;
iii) teste de hipóteses: procedimento exaustivo, armazenagem de informações, diminuição do campo de busca por confirmação/desconfirmação das hipóteses testadas;
iv) estabelecimento da regra.

O Esquema 4 a seguir ilustra tal sistemática de conceptualização traduzida em paradigma de pesquisa sobre conceptualização em Psicologia.

Esquema 4 – Tarefa experimental artificial para geração de conceitos abstratos (cf. Heidbreder, 1947, reproduzido de Da Rocha Falcão, 2002).

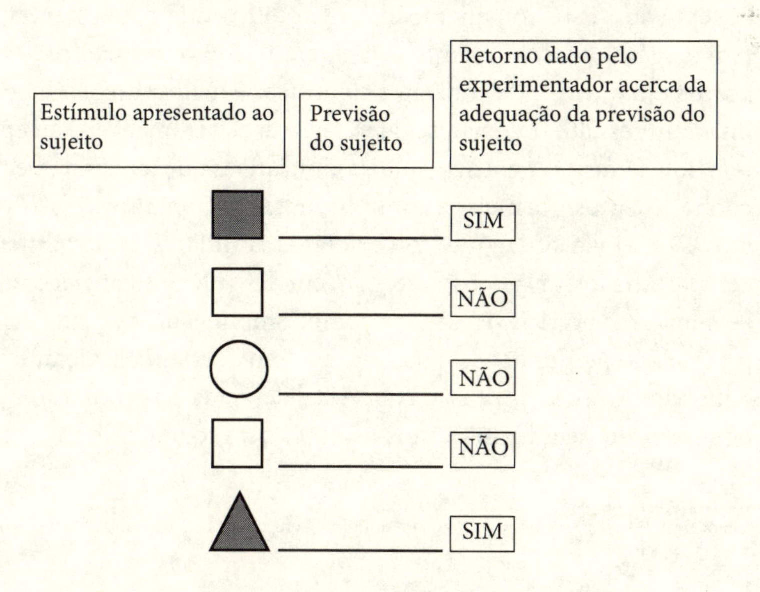

Tal perspectiva sugere claramente, e coerentemente com sua herança aristotélica, que a cognição seria fundada sobre um sistema lógico de tratamento de informação, no contexto do qual a única diferença entre o indivíduo adulto e a criança diria respeito ao acervo de estratégias disponíveis e à capacidade de armazenamento de informação.

Do nosso ponto de vista, a abordagem acima é criticável como base teórica para se pensar o conceito (e o processo de conceptualização) em Psicologia, a partir de três aspectos:

1- A distinção estrita entre a informação dita exógena e a representação mental é problemática. Não nos parece haver evidência conclusiva acerca do caráter pretensamente empírico da etapa de observação que precederia o estabelecimento das hipóteses (conforme as etapas reproduzidas acima). No que diz respeito, mais particularmente, aos conceitos matemáticos e científicos, não se pode absolutamente falar de correspondência estrita com a realidade sensível: os conceitos de ponto (ente geométrico adimensional por definição), reta (perfeitamente unidimensional), número negativo, força e movimento (enquanto grandezas vetoriais), energia e variável (em álgebra) não dispõem de correlativos imediatamente observáveis. Esta consideração, de caráter nitidamente kantiano, tem inegável desdobramento crítico em termos das metáforas utilizadas em didática de conceitos científicos e matemáticos. Cabe de imediato ressaltar que não se quer, aqui, declarar inviáveis, ou epistemologicamente "espúrias", aquelas iniciativas que tentam conectar conhecimentos "formais" a conhecimentos "espontâneos" (Vygotsky, 1985a) via situações e/ou artefatos familiares, culturalmente compartilhados.[6] Não obstante, convém desde logo estabelecer que, se metáforas podem ser usadas como "amplificadores culturais", é preciso não perder de vista que elas podem desviar completamente o indivíduo da compreensão conceitual desejada (via contaminação do conteúdo pela forma), pois as metáforas, conforme salientou

[6] Para uma ilustração concreta de tal possibilidade, em termos de pesquisa, ver Da Rocha Falcão (1995).

G. Vergnaud, não são absolutamente "a coisa real" (*the real thing*) em matemática (VERGNAUD, 1987a).

A abordagem empirista do conceito não distingue satisfatoriamente os elementos de conteúdo perceptivo das formas categoriais, o que é compreensível: a própria atividade de identificação dos atributos comuns a uma classe de objetos se apoia em um critério unificador; esta atividade comporta, por esse raciocínio, o estabelecimento de uma relação entre um conteúdo presente (o percebido) e um conteúdo passado (a representação mental), entre os quais se estabelece um vínculo. Ora, o estabelecimento deste vínculo é uma operação mental, o que leva Cassirer a propor que

> [...] o conceito não é *derivado*, mas *presumido*, pois atribuir a uma multiplicidade informacional uma ordem e um encadeamento dos elementos que a compõem implica desde logo pressupor o conceito, se não em sua forma final, ao menos de forma coerente com sua função fundamental[7] (traduzido de CASSIRER, 1977, p. 29; grifos nossos).

2- O segundo aspecto da crítica à abordagem do conceito enquanto categoria taxonômico-descritiva nos é sugerido pela reflexão acerca dos conceitos científicos e matemáticos. Mesmo que aceitássemos passar ao largo da questão discutida no tópico anterior, referente ao dipolo endógeno-exógeno no processo de constituição e desenvolvimento conceitual, caberia ainda considerar a existência de toda uma gama de conceitos que ultrapassam os índices estritamente concretos dos objetos, para se apoiarem sobre relações inferidas entre objetos; é o caso típico dos conceitos mencionados acima. Se a abordagem aristotélica propõe uma forma conceitual condensada a partir da multiplicidade de coisas do mundo empírico (Esquema 2), uma outra abordagem, ilustrada pelo esquema abaixo, privilegiará

[7] Tem-se aqui, de forma não totalmente explicitada, um aspecto nuclear ao conceito teórico de *esquema*, extremamente importante no contexto do quadro teórico piagetiano: "Um observável, mesmo o mais elementar, supõe bem mais que um registro estritamente perceptivo, uma vez que a percepção como tal é, ela própria, subordinada aos *esquemas* da ação [...]" (PIAGET; GARCIA, 1983, p. 30; grifo nosso).

não a substância, mas a relação no âmago dos conceitos (Esquema 5 abaixo):

Esquema 5 – A constituição do conceito segundo a abordagem funcional.

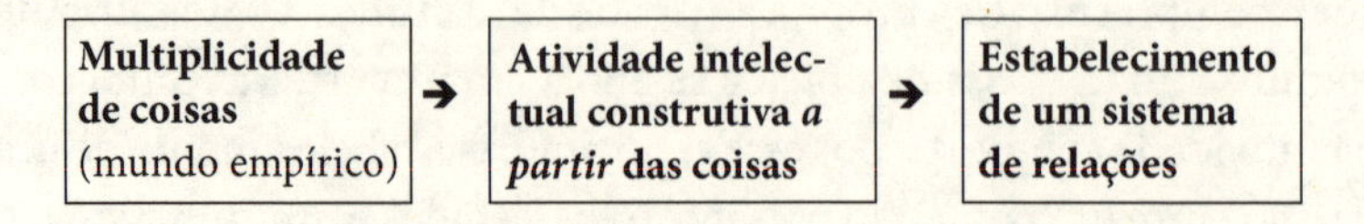


Diversamente da perspectiva taxonômica, para a qual o conceito seria essencialmente um índice de caráter exógeno, a perspectiva ilustrada acima leva em conta a atividade construtiva do sujeito sobre os objetos do mundo real como aspecto central no processo de formação do conceito. Tal mudança de perspectiva tem uma consequência imediata que é ressaltada por Cassirer (1977): quando se percorre a pirâmide taxonômica (Esquema 3) da base para o cume, obtém-se, a cada nível hierárquico, conceitos mais e mais genéricos – siamês, gatos, animais de companhia. É pertinente pensar que, se continuarmos idealmente neste mesmo percurso, chegaremos a uma espécie de "superconceito" de generalidade total, uma ferramenta classificatória que será completamente inútil do ponto de vista do conhecimento, posto que tudo abrange e, paradoxalmente, nada informa (pois nada discrimina).[8]

O conceito-relação, diferentemente, se enriquece ao atingir um nível mais abrangente. Enquanto modelo[9] do real, ganha em poder explicativo, pois tem seus limites de validade ampliados (ver Quadro 4 a seguir, com os níveis de complexificação do conceito matemático de número). De fato, se se consegue estabelecer um modelo M2 que representa uma ampliação (em termos de alcance explicativo) de um modelo M1 anterior, no sentido que M2 continua abrangendo os

[8] No contexto da reflexão aristotélica, tal superconceito seria a Divindade, cuja essência anima o universo.

[9] Adota-se aqui o conceito de modelo proposto por Host (1989, p. 204): "[...] toda representação material, icônica ou simbólica proposta enquanto explicação, ou seja, que reproduz certos traços do objeto estudado para compreender seu funcionamento e deduzir propriedades novas".

mesmos fenômenos que M1 e mais alguns anteriormente não abrangidos, pode-se afirmar que se conseguiu estabelecer um modelo de melhor performance para o objeto de referência. Este é o caso, por exemplo, quando o aluno de introdução à mecânica, em física, passa de um modelo escalar para um modelo vetorial na explicação da composição de velocidades, ou ainda quando se passa, em matemática, de relações numéricas específicas em aritmética para funções genéricas na álgebra.

Quadro 4 – níveis de complexificação do conceito de número (cf. Fuson, 1991).

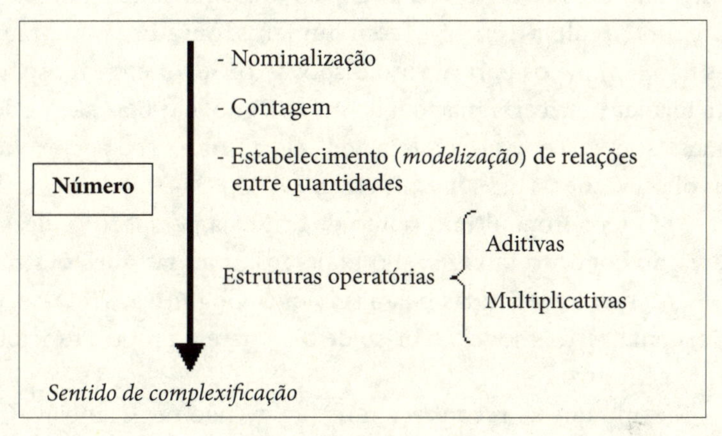


A modelização, fundada sobre a construção de conceitos-relação, não é jamais um retrato empirista do real e nem pode, no outro extremo, ser considerada como "uma assimilação do objeto ao modelo" (Tonnelat, 1989), capaz de "apagar" o objeto no processo de construção da representação. Trata-se antes de uma atividade cognitiva complexa, que sofre limitações impostas pelo próprio objeto, pelas exigências racionais do saber já instaurado e pelas complexas modulações da situação sociocultural na qual tal atividade se insere (Lave, 1988). Segundo N. Mouloud, o modelo se estabelece enquanto função mediadora entre o que é, de um lado, mais concreto e, de outro, mais abstrato, o que o conduz a propor que o modelo seria uma "ficção controlada" (Mouloud, 1989). Esta ideia encontra igualmente apoio junto a alguns epistemólogos da ciência, como F. Halbwachs, para quem seria falso considerar que o físico, mesmo o mais positivista, possa ter como matéria-prima de sua ciência um complexo de sensações ou registros objetivos: "Ao passar das leituras de medidas aos enunciados da ciência física, ele [o físico] opera uma transposição fundamental, e passa a arriscar afirmações que se situam num plano completamente diverso daquele da experiência" (Halbwachs, 1974, p. 23). Nesta mesma ordem de ideias, Drouin (1988, p. 5) cita a metáfora proposta por Einstein e Infeld (1978), para os quais o cientista, em face do mundo empírico, seria como alguém que deseja compreender o mecanismo de funcionamento de um relógio fechado: "[...] ele vê as agulhas em movimento sobre um círculo preenchido com números, ouve um tique-taque, mas não tem meios para abrir o dispositivo. Se for engenhoso, poderá formar uma certa imagem do mecanismo, [...] mas não poderá jamais estar seguro que sua imagem seja a única capaz de explicar suas observações" (Einstein; Infeld, 1978, p. 34-5).

3- O terceiro e último ponto de crítica à perspectiva clássica acerca do conceito talvez seja o mais próximo das questões mais frequentemente debatidas pela Psicologia Cognitiva. Trata-se, em última análise, do modelo teórico de base para o próprio funcionamento cognitivo.

Mesmo que se reconheça um "lugar" não negligenciável, ao lado do conceito-relação, para o conceito-taxonômico (ou conceito-substância), fundado sobre uma atividade de extração de traços comuns a partir de um conjunto de fenômenos sensíveis, é forçoso ainda assim constatar que a metáfora da "máquina de tratamento de informação", que está na base de um dos paradigmas teórico-metodológicos da Psicologia Cognitiva contemporânea, resiste mal ao teste das situações rotuladas pelo bom humor crítico de J. Lave como "não claustrofóbicas", do mundo além do laboratório e da escola institucional (Lave, 1988). Neste mundo dos ambientes de trabalho, supermercados, igrejas, brincadeiras, folclore, arte, gestão das finanças familiares e outros contextos culturalmente significativos e estruturados/estruturantes, a extração de informação para a construção de taxonomias é fortemente influenciada por aspectos absolutamente não contemplados nas tarefas de laboratório. Anterior a isto, a própria frequência de oferta de informação aos sujeitos não é equiprovável, o que torna a proposição de protótipos conceituais (Rosch, 1973) um avanço teórico importante em termos da ecologia do desenvolvimento conceitual.

O fato das máquinas lógicas da linhagem do General Problem Solver – GPS conseguirem resolver tarefas complexas, como a Torre de Hanói, não autoriza inferir que o sujeito humano funcione da mesma forma. As máquinas lógicas, com seu funcionamento baseado num conjunto de regras procedurais, prescindem de aspectos semânticos ao emularem o funcionamento cognitivo. Um programa capaz de simular o processo de resolução de um problema matemático não é capaz de reconhecer previamente aquele problema como sendo um exemplar de uma classe específica de problemas. O reconhecimento de que se fala aqui, esclareça-se desde logo, é algo muito mais complexo que o instanciamento de parâmetros que permite ao programa assimilar uma situação de partida a contextos situacionais armazenados enquanto tais em um banco de dados. Trata-se, no caso do funcionamento cognitivo humano, do estabelecimento de representação mental e de conceptualização (Vergnaud, 1987b), o que nos conduz aos conceitos teóricos de esquema e de invariante (o reconhecimento deste último sendo condição para a generalização do esquema).

O esquema diz respeito à "[...] organização invariante da conduta para uma determinada classe de situações" (Vergnaud, 1990, p. 136) e se constitui, segundo a análise aqui proposta, no elemento central do funcionamento cognitivo, o que abrange o desenvolvimento dos conceitos. Esquemas abrangem desde competências sensórios-motoras complexas, como a habilidade de um piloto de fórmula 1 que é capaz de abordar uma curva em alta velocidade, até competências matemáticas, como a contagem e a resolução de equações algébricas, passando por competências socioculturais, como a habilidade do jangadeiro nordestino em conduzir sua jangada à vela (ver Figura 2 a seguir). No caso deste último, não se pode, via de regra, imaginar que ele disponha de conhecimentos formais acerca de composição vetorial, mas o jangadeiro age, em contexto real, de forma coerente com os princípios básicos de composição vetorial (tendo em vista os elementos envolvidos e a resultante desejada). Neste sentido, o jangadeiro pode dispor de determinados princípios e explicações restritos a situações locais, como, por exemplo, "quanto mais a vela receber o vento aberta, mais velocidade a jangada pega". Tais princípios podem ser traduzidos formalmente por um observador externo, e, por essa razão, G. Vergnaud os denomina "teoremas-em-ação", que estão na base de várias competências culturais em ação. O Quadro 5 abaixo ilustra alguns teoremas-em-ação com os respectivos conceitos formais potencialmente associáveis.

Figura 2 – O jangadeiro nordestino demonstra competência de compor vetorialmente a direção do vento, a inclinação da vela de sua jangada, e a direção do leme. Este jangadeiro não "sabe" composição vetorial, mas funciona de forma coerente com tal modelo científico. Nesse sentido, dispõe de um conhecimento-vetorial-em-ação (Vergnaud, 2000).

Quadro 5 – Alguns teoremas-em-ação e conceitos relacionados no contexto do campo conceitual algébrico.

| Teoremas-em-ação: | Conceitos |
|---|---|
| - Igualdades se mantêm desde que, a cada operação realizada em um membro da mesma, se realize a mesma operação no outro. | - Princípio algébrico da equivalência |
| - Recipientes podem conter conjuntos de quantidades discretas ou quantidades contínuas correspondentes a um único valor numérico específico. | - Incógnitas |
| - Quantidades discretas ou contínuas podem variar em função de outras quantidades, de acordo com determinadas regras. | - Variáveis<br>- Funções<br>- Igualdade (=) semanticamente ampliada |

Se, indubitavelmente, as regras de ação fazem parte dos esquemas, estes não se resumem a estas regras, pois adicionalmente comportam invariantes operatórios (no sentido piagetiano do termo), inferências e antecipações:

> São os invariantes que permitem aos esquemas achar as condições de funcionamento nas diversas situações com as quais o indivíduo se defronta; são as inferências que permitem aos esquemas levar em conta os valores atuais das variáveis de situação e se adaptar a situações novas, calculando regras e antecipações; estas antecipações, por sua vez, são responsáveis pela funcionalidade dos esquemas; enfim, as regras de ação engendram a sequência de ações do indivíduo. Mas estas regras de ação não seriam nada sem os outros componentes (Vergnaud, 1987b, p. 7).

Adicionalmente, cabe ainda considerar que a representação do real tem como suporte uma rede semântica complexa e dinâmica, no contexto da qual nenhuma situação é abordável recorrendo-se a um único conceito e nenhum conceito é privativo de uma única situação, donde a proposição de campos conceituais (Vergnaud, 1990) como construto teórico para a compreensão do desenvolvimento conceitual.

Esquema 6 – Ilustrando o conceito teórico de "campo conceitual".

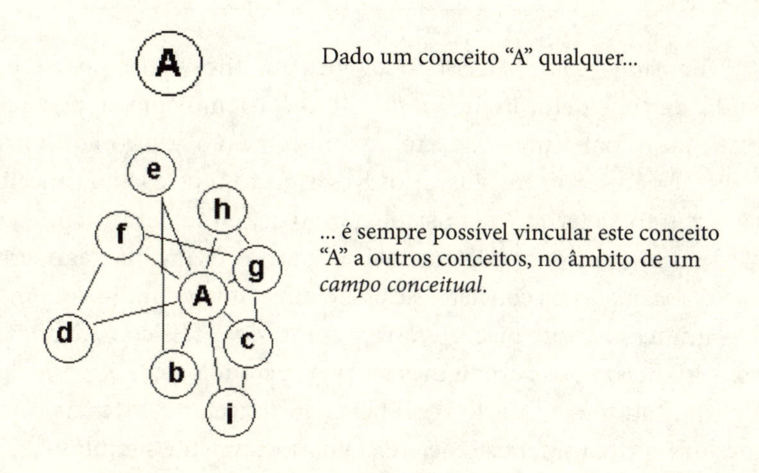

Conforme sugerido pelo Esquema 6 acima, a ideia de "campos conceituais" tem uma dupla acepção: trata-se ao mesmo tempo do nível de complexidade e inter-relacionamento de que é capaz determinado indivíduo, em relação a determinado conceito, e trata-se igualmente do nível de complexidade culturalmente compartilhada quando se fala de um corpo de conhecimento institucionalizado (como é o caso, por exemplo, da "matemática dos matemáticos"). Nesse sentido, alguns autores vão falar do campo conceitual da álgebra, por exemplo, como referência para a pesquisa e o ensino deste conteúdo. O Quadro 6 abaixo ilustra uma proposta nesta direção em relação ao campo conceitual da álgebra:

Quadro 6 – Alguns elementos constitutivos do campo conceitual da álgebra (cf. Chevallard, 1990; Vergnaud, 1991b; Da Rocha Falcão, 1997; 1993; 1992).

| **Alguns elementos básicos do campo conceitual da álgebra** | |
|---|---|
| **Álgebra como ferramenta representacional**<br>Números, medidas, incógnitas e variáveis, regras de atribuição de símbolos, gama de acepções do sinal de igual. | **Álgebra como ferramenta de resolução de problemas**<br>Operadores, sintaxe, prioridade de operações, princípio da equivalência, conhecimentos-em-ação vinculados a experiências extraescolares de compensação e equilíbrio, fatos aritméticos instrumentais (ex: elemento neutro da adição). |

Em suma, a abordagem psicológica do conceito não pode prescindir da consideração de um domínio epistemológico específico, posto que o conhecimento é sempre conhecimento de algo; adicionalmente, é necessário considerar os três aspectos que dão ao conceito seu estatuto de ferramenta psicológica: o conjunto de situações que dão sentido funcional a determinado conceito, os invariantes operatórios aos quais tais conceitos se associam e, finalmente, o conjunto de significantes que permitem representá-los. Tais considerações nos distanciam dos paradigmas teórico-metodológicos em Psicologia enraizados na tradição aristotélica do conceito-substância e nos conduzem à consideração de conceitos socialmente significativos e específicos (no sentido de conectados a um determinado domínio de conhecimento socialmente compartilhado). Por esta perspectiva, os conceitos são sempre modelos mentais, construídos pelo sujeito a partir de suas experiências e ao longo de seu processo de desenvolvimento, e não súmulas de dados empíricos acumulados basicamente via percepção e memória (ou seja, o conceito aristotélico-substancial de gato como o resultado da acumulação experiencial de todos os gatos que vi, do que resultariam traços comuns básicos para o estabelecimento da "gaticidade"...).

A reflexão sobre o desenvolvimento do conceito em um contexto sociocultural significativo leva necessariamente à consideração de um processo já considerado por Vygotsky, ao discutir a relação entre conceitos espontâneos e conceitos científicos (Vygotsky, 1985a; 1985b): trata-se da interação entre o acervo de conhecimentos socioculturalmente constituídos, que tem na escola um dos vetores de transmissão, e o indivíduo singular que amplia a cada dia seus conhecimentos. A interação entre o que Piaget chamou de aprendizagem estrito senso (Piaget; Gréco, 1974), ou seja, a aprendizagem que se restringe a agregar novas informações a esquemas mentais preexistentes (sem alterá-los estruturalmente), e o desenvolvimento cognitivo é, nesta ordem de ideias, um tópico central a considerar.

## *Consideração de aspectos afetivos no âmbito da reflexão acerca da atividade matemática escolar*

Muitos esforços de natureza tanto teórica quanto metodológica têm sido feitos em Filosofia, Psicologia e outras ciências humanas no sentido de romper uma tradição que remonta a Descartes (1973; 2003): a consideração de aspectos racional-cognitivos como processos intrinsecamente diversos (e separáveis) de processos afetivos (motivacionais, emocionais, atitudinais).[10] Em Psicologia da Educação Matemática, por sua vez, esforços têm sido feitos no sentido de se incluir a variável "afetividade" não somente como variável interveniente a controlar, mas como aspecto explicativo relevante

[10] Para uma discussão crítica de tal postura filosófico-epistemológica, ver Damásio (1996).

para as habilidades cognitivas em geral (Ginsburg, 1989), para as competências escolares (Frias *et al.*, 1990) e, particularmente, para a competência em matemática escolar (McLeod, 1992; Hazin; Da Rocha Falcão, 2001). De fato, afetividade diz respeito a uma gama de processos que não podem ser ignorados numa abordagem psicológica da aprendizagem, do desenvolvimento e da conceptualização. Contemporaneamente, esforços teóricos têm sido feitos no sentido de se buscar a integração de processos cognitivos e afetivos na explicação de habilidades escolares (e, especificamente, habilidades matemáticas na escola), mas tais esforços ainda preservam, em muitas de suas iniciativas, a dicotomia antes aludida, em termos de afetividade e cognição, sem que se tenha até o momento uma abordagem efetivamente integrada (ou pós-cartesiana) destes dois polos de funcionamento humano (ver, a este respeito, Araújo *et al.*, 2003; Schlöglmann, 2001). O resultado disto é que as tentativas de teorização em Psicologia ora tendem a enfatizar o polo cognitivo em detrimento do polo afetivo (é este o caso da abordagem de Jean Piaget,[11] entre outros), ora tendem a enfatizar o polo afetivo em detrimento do cognitivo, como é nitidamente o caso da abordagem freudiana (conforme discutido por Hazin, 2000).

As dificuldades em se atingir a abordagem integrada acima aludida começam com a clarificação conceitual acerca do que venha a ser afetividade. V. A. De Bellis e G. A. Goldin propõem uma primeira grande divisão dos fenômenos relacionados à afetividade em termos de estados cambiantes de sentimento (*changing states of feeling*, no original), também denominados de afetos locais, e construtos de longo termo, mais estáveis e de natureza mais estrutural (De Bellis; Goldin, 1999). Esta divisão procura dar conta da diferenciação entre estados emocionais, ligados a circunstâncias locais de produção, e estados estruturais, mais próximos das noções psicológicas de afeto, subjetividade e personalidade. Nesta mesma direção de raciocínio, D. B. McLeod sugere três dimensões de variação para os afetos: intensidade ("frio" *versus* "quente"), direção (positivo ou negativo) e estabilidade (McLeod, 1992). Segundo esta

[11] Ver, a este respeito, Piaget (1972).

última classificação, crenças e atitudes seriam classificáveis como "frias" e "estáveis", enquanto as reações emocionais seriam "quentes" e "instáveis". No domínio da Psicologia da Educação Matemática, esforços têm sido feitos no sentido de se explorar emoções relacionadas à experiência matemática escolar (Breen, 2000; Weyl-Kailey, 1985), transferência e contratransferência (na acepção psicanalítica destes termos) no âmbito da relação professor-aluno nas aulas de matemática (Cabral; Baldino, 2002), autoestima, autoconceito, padrões de interação e desempenho em matemática escolar (Hazin; Da Rocha Falcão, 2001; Ginsburg, 1989), atitudes e crenças em relação à atividade matemática escolar (De Brito, 1996; Pehkonen, 2001), e, finalmente, a relação entre traços de personalidade e estilos cognitivos e atividade de resolução de problemas em matemática (Régnier, 1995; Ginsburg, 1989).

A dispersão de esforços de pesquisa, acima resumida, mostra que ainda não é possível se falar de uma base teórica razoavelmente unificada que permita uma abordagem de pesquisa mais abrangente, em termos da consideração da afetividade como aspecto constituinte da atividade matemática (como de qualquer outra atividade humana de construção de significado). Uma direção de elaboração teórica e encaminhamento de pesquisa que nos parece especialmente promissora é aquela que ultrapasse a consideração tradicional de afetividade e atividade matemática e passe a tratar a atividade psicológica de construção de significado em matemática em suas múltiplas dimensões interligadas, uma delas sendo justamente a dimensão afetiva. Esta direção de construção teórica vem sendo trabalhada recentemente por J. Valsiner (2000; 2001), sobre cujas bases podem ser propostos programas de pesquisa em Psicologia da Educação Matemática. A pesquisa apresentada na parte 2 deste livro representa um esforço nesta direção de superação do que L. S. Vygotsky chamou de abordagem dualista, em direção a uma abordagem monista, em que afetividade e cognição passem a ser tratadas de forma processual e dialética (Vygotsky, 1996). Afinal, conforme ressaltam Araújo e demais colegas, afetividade e cognição dizem respeito a formas de se abordar o mesmo fenômeno: a atividade humana. A contribuição específica que pode (e deve) ser dada pela Psicologia da Educação Matemática relaciona-se à proposição de uma abordagem integrada do indivíduo humano que se dispõe a aprender matemática como alguém possuidor de uma subjetividade sempre embebida em um contexto cultural específico, porém jamais submetida ou diretamente moldada por este último. Abordar esta mesma discussão agora de um ponto de vista metodológico implica eleger um foco de análise suficientemente circunscrito para ser pesquisado e, simultaneamente, complexo para ser representativo das situações de aprendizagem em matemática, de forma a se poder construir uma boa narrativa[12] acerca de pessoas envolvidas em atividade de aprendizagem da matemática.

## *Psicologia da Educação Matemática: algumas ideias teóricas centrais a considerar*

Concluímos esta primeira parte de nossas reflexões com um brevíssimo sumário dos pontos centrais que tentamos ressaltar no processo de constituição da Psicologia da Educação Matemática. A Psicologia da Educação Matemática surge de um esforço da Psicologia (ou de algumas de suas "psicologias" constituintes, como a Psicologia da Aprendizagem, da conceptualização, da resolução de problemas e do desenvolvimento) no sentido de oferecer subsídios mais robustos para a teorização e pesquisa no âmbito da educação matemática. Tal esforço se caracteriza, de um lado, pela adoção de uma teoria da referência para o processo psicológico de construção do conhecimento – o conhecimento é sempre conhecimento de alguma coisa e em determinado contexto que lhe dá significado pragmático – e, por outro, pela manutenção de um perfil de contribuição psicológica, ou seja, voltado para a mente e o comportamento de indivíduos suficientemente semelhantes entre si, graças a que podem se comunicar, porém inexoravelmente diferenciados em sua subjetividade privada, o que os condena à condição de copartícipes de sua própria existência (Sartre, 1973). Nesta primeira parte, buscamos oferecer alguns tópicos que contemplam os dois eixos acima aludidos, de acordo com

[12] No sentido dado ao termo por J. Bruner (1997).

determinada visão teórica acerca de aspectos fundamentais da Psicologia, como aprendizagem, desenvolvimento, conceptualização. Na parte 2, a seguir, tentaremos oferecer alguns exemplos de esforços de pesquisa representativos deste domínio interdisciplinar de trabalho, que é a Psicologia da Educação Matemática, com ênfase nos aspectos a que aludimos nesta primeira parte do livro. Esperamos, assim, dar um exemplo concreto do necessário diálogo que precisa haver entre perspectiva teórica[13] e iniciativa de pesquisa, seja em termos de escolha das "perguntas", a serem feitas pelo pesquisador, seja em termos das ferramentas metodológicas a serem utilizadas.

[13] A perspectiva teórica, por sua vez, não pode prescindir de uma perspectiva filosófica, conforme discutido noutro volume desta série (BICUDO; GARNICA, 2002).

Capítulo II

# A Psicologia da Educação Matemática no contexto da pesquisa em didática da Matemática

## *Considerações preliminares*

Nesta segunda parte desta breve introdução à Psicologia da Educação Matemática, pretendemos oferecer alguns exemplos de iniciativas de pesquisa conectados a questões de especial relevo para a abordagem Psicológica da Educação Matemática. Nesse sentido, selecionamos inicialmente a questão do lugar da representação simbólica na conceptualização matemática, ou seja, qual a importância dos recursos de exemplificação, dos suportes ilustrativos, das diversas formas pelas quais determinado conteúdo conceitual pode ser representado, para a própria atividade de conceptualização matemática? Em outras palavras, a forma de representar os conceitos influi na própria constituição dos mesmos, ou trata-se tão somente de uma espécie de "vestimenta" que se adiciona ao conceito a *posteriori*?

Em seguida, vem um tópico diretamente relacionado à discussão anterior: trata-se de um exemplo de pesquisa voltado para a consideração de dispositivos didáticos como auxiliares no processo de significação e ampliação conceitual. A discussão anterior é retomada, na medida em que muitos destes dispositivos representam esforços de *metaforização* (Lakoff; Núñez, 2000) de conteúdos conceituais; porém, tais dispositivos, na medida em que incorporam um conjunto razoavelmente complexo de iniciativas que podem chegar ao que autores franceses denominam "engenharia didática" (Artigue, 1988; ver também Alcântara Machado, 1999, e, nesta mesma coleção, o livro de Pais, 2002), abarcam preocupações relacionadas à gestão da ordem temporal de atividades a serem propostas, o que justifica outro tipo de abordagem em termos de pesquisa, voltada por exemplo para a questão de pertinência pedagógica (*é possível ensinar?*), fidedignidade conceitual (*trata-se efetivamente do conteúdo matemático pretendido?*) e relevância pedagógica (*os alunos submetidos a tais dispositivos didáticos experimentais têm benefícios avaliáveis?*).

Um terceiro aspecto que nos parece contemporaneamente ligado a importantes iniciativas de pesquisa diz respeito ao lugar da afetividade na atividade matemática escolar.

Finalmente, abrimos espaço para a questão do interesse da atividade discursivo-argumentativa como contexto de desenvolvimento conceitual em matemática. As seções a seguir exploram mais detalhadamente cada uma dessas direções de questionamento e pesquisa.

## *A representação simbólica dos conceitos matemáticos: pensamento, linguagem natural, linguagem matemática*

Conforme discutido na primeira parte deste livro, o processo psicológico de conceptualização não pode ser descrito como um processo de extração perceptual de indícios, a partir do qual construímos em nossa mente cópias fiéis do mundo empírico. Nessa mesma ordem de ideias, a representação simbólica dos conceitos se baseia em processos, no âmbito do qual as peculiaridades dos meios de simbolização (dentre os quais merece especial destaque a *linguagem*) influirão no resultado final (ver, a este respeito, Lemke, 1993). Inversamente, a simbolização não pode ser vista independentemente das questões de conceptualização: o mundo não é construído *pela* linguagem, e sim *com* a linguagem, que é precedida pela *ação* (Piaget, 1970; 1973), pelo gesto (Wallon, 1995), pela *imagem mental*

(Da Rocha Falcão, 2001). Os dados de pesquisa que se seguem ilustram este ponto teórico fundamental, subsidiando igualmente a proposição da noção unificadora de *esquema*, na acepção dada ao termo por Gérard Vergnaud[14] (1990) como explicação teórica para a interação entre aspectos simbólicos e operatórios num contexto cognitivo específico: a construção de significado em álgebra.

A passagem da linguagem natural para o simbolismo formal, no contexto da introdução à álgebra na escola, se constitui em processo complexo, conforme ilustrado pelos extratos de protocolo reproduzidos e comentados em seguida. Da Rocha Falcão propôs a alunos franceses de 14 anos, de nível escolar equivalente à oitava série do sistema brasileiro de ensino, tarefa de proposição de fórmulas gerais para a modelização de sistemática de pagamento de salários em agências de viagem fictícias (Da Rocha Falcão, 1992). Tais salários eram calculados em função de uma parte variável, composta pelo número de horas trabalhadas, a que se somava o ganho em função do número de passagens aéreas vendidas, mais uma parte fixa. O ganho referente ao número de horas trabalhadas era obtido levando-se em consideração o parâmetro referente ao salário-hora proposto por uma agência específica, o mesmo ocorrendo com o ganho oriundo da venda de bilhetes aéreos, para o qual dever-se-ia considerar o percentual médio a ser pago por determinada agência sobre cada bilhete vendido. Dessa forma, o salário pago pelas agências de viagem poderia ser modelizado pela fórmula geral **S** = (**H***h*) + (**B***b*) + *f*, onde **S** representa o salário total a ser recebido, **H**, o parâmetro *salário/hora* pago por determinada agência, **h** representa a variável *número de horas trabalhadas*, **B**, o parâmetro *percentual pago por cada bilhete vendido*, **b** representa a variável *número de bilhetes vendidos*, e, finalmente, **f** representa a parte fixa do salário. Confrontados a um problema de cálculo específico de um salário a ser pago a funcionário de determinada agência, os alunos não manifestaram

[14] Convém desde logo observar que o conceito teórico de *esquema* não foi originariamente proposto por G. Vergnaud, que, inclusive, admite tê-lo "herdado" de J. Piaget. A ideia de *esquema mental* tem larga utilização entre psicólogos e filósofos do conhecimento (o leitor interessado numa discussão aprofundada acerca deste tópico deve ler o livro organizado por Inhelder e Cellérier, 1996).

qualquer dificuldade especial; não obstante, quando solicitados a propor uma fórmula geral que servisse de guia para cálculos subsequentes envolvendo outros empregados de outras agências nas mais diversas situações de produtividade, muitos alunos evidenciaram dificuldades importantes em propor fórmula como a acima reproduzida, conseguindo no máximo proposições fragmentárias, como ilustrado pela "fórmula" em três partes proposta por L., 14 anos:

Quadro 7 – Tradução de protocolo reproduzido em Da Rocha Falcão, 1992, p. 158.

1. *Seja **x** a quantidade de horas de trabalho x **x'** o salário/hora.* [Observação: o "x" na expressão acima... *horas de trabalho* x ***x'*** representa multiplicação, ou seja, ...*horas de trabalho **vezes x'***.]

2. *Seja **y** a quantidade de bilhetes vendidos x **y'** a comissão por bilhete.*

3. *Seja **z** o salário total recebido mais **z'** a parte fixa.*

O trecho de protocolo transcrito acima ilustra algumas dificuldades importantes de utilização de linguagem algébrica: em primeiro lugar, a utilização do que C. Laborde chamou "língua mista", caracterizada pela convivência dos códigos linguístico e formal matemático, como se pode constatar na utilização de "x" para indicar a operação de multiplicar, a proposição de entidades literais como "x", "y" e "z", ao lado de expressões linguísticas correntes (Laborde, 1982; ver também Freudenthal, 1989). Em segundo lugar, a dificuldade em integrar todas as relações que compõem o cálculo do salário em expressão sintética e única, o que explica a proposição de uma fórmula em etapas. Finalmente, a etapa 3 da proposição acima atribui indevidamente a "z" o caráter de salário total, quando de fato trata-se de salário parcial (referente às contribuições variáveis), ao qual será somada a parte fixa; por outro lado, esse salário parcial não é explicitado nos termos em que L. vinha conduzindo sua proposição de fórmula, uma vez que este sujeito não registra explicitamente a proposição "seja o salário [parcial] dado pela soma de x e y". As dificuldades manifestadas por L. ilustram algumas das principais dificuldades encontradas por Da Rocha Falcão

(1992) em termos de utilização de linguagem algébrica para expressão de relações e modelização matemática, conforme resumido no Quadro 8 adiante. De acordo com os dados deste quadro, as dificuldades manifestadas por L. seriam caracterizadas como de tipos 1 e 4. Cabe aqui ressaltar que a dificuldade tipo 2 (dificuldade de diferenciação de variáveis e parâmetros) mostrou-se igualmente importante, conforme ilustrado pelo trecho de protocolo reproduzido abaixo, referente à fórmula para cálculo do salário global proposta por Cl., nos seguintes termos: ***S = H + B + parte fixa.***[15]

Como se pode observar, além da inclusão de expressão em língua natural (*parte fixa*, referente à parte não variável do salário), Cl. não considera necessário diferenciar variáveis e parâmetros ao representar os ganhos oriundos das horas trabalhadas e bilhetes vendidos, resumidos por uma única letra (H e B, respectivamente, ao invés de Hh e Bb). Cabe, aliás, ressaltar que o exame do protocolo de Cl. mostra que este aluno responde corretamente ao problema, levando em conta, em seu processamento de cálculo, a composição multiplicativa de variáveis e parâmetros para a estipulação dos ganhos parciais oriundos de horas trabalhadas e bilhetes aéreos vendidos.

Quadro 8 – Dificuldades na utilização de linguagem algébrica (reproduzido de Da Rocha Falcão, 1992, p. 74).

| Tipo de dificuldade | Descrição |
|---|---|
| 1. Suporte simbólico misto | Utilização de elementos de representação simbólica oriundos da linguagem natural e formal. |
| 2. Distinção entre variáveis e parâmetros | Dificuldade de diferenciação de variáveis e parâmetros na proposição de fórmulas genéricas ou equações correspondentes a dados empíricos modelizados ou problemas a pôr em equação. |

[15] No protocolo original, *partie fixe*, em língua francesa.

| Tipo de dificuldade | Descrição |
|---|---|
| 3. Generalidade da expressão | Dificuldade em trabalhar com entidades literais, propondo-se frequentemente valores numéricos específicos para os parâmetros da expressão. |
| 4. Caráter sintético da expressão | Dificuldade em propor expressão única, capaz de sumariar todas as relações pertinentes ao problema ou modelo. |
| 5. Gestão da ordem de prioridade das operações indicadas pela expressão | Ausência de marcadores formais que auxiliem a explicitação da ordem de prioridade de operações, como, por exemplo, parênteses, colchetes, barras em expressões fracionárias. |

Outro exemplo desse mesmo tipo de dificuldade é ilustrado pelo protocolo de O., que propõe a seguinte fórmula geral para o cálculo dos salários:

$$(xH \times 1H) + (xB \times 1B) + \textit{parte fixa} = S$$

O. propõe que a letra "x", na fórmula acima, representa "quantidade de": **xH** representa, portanto, quantidade de horas, e **xB**, quantidade de bilhetes aéreos vendidos; **1H** e **1B**, por sua vez, representam os parâmetros *preço pago por uma hora* e *percentual médio por bilhete*, respectivamente.

Tais dados sugerem dificuldades importantes que, ao nosso ver, não podem ser assimiladas exclusivamente a problemas semióticos, estritamente relacionados a aspectos da notação algébrica (Freudenthal, 1989), nem a problemas operatórios, relacionados à disponibilidade de invariantes lógicos gerais. Temos aqui, imbricadas, dificuldades referentes à modelização matemático-algébrica, para cuja exploração faz-se necessário levar em conta aspectos relacionados à representação simbólica das relações detectadas, bem como os aspectos conceituais relacionados à álgebra (noções de variável e parâmetro, por exemplo). A atividade de codificação, ou transposição do problema da linguagem natural para a linguagem simbólico-formal algébrica, tem papel importante na explicação dos obstáculos epistemológicos enfrentados pelos sujeitos que se iniciam em álgebra. Tal transposição implica num processo bem mais complexo que uma simples tradução intercódigos. De fato, a língua corrente se apoia numa quantidade considerável de meios auxiliares, tanto prosódicos quanto pragmático-contextuais, como a flexão, a pontuação, melodia, ritmo; a notação matemática, por sua vez, busca expressar estruturas por meios exclusivamente formais. Do ponto de vista conceitual-matemático, a passagem de um código a outro implica uma atividade mediadora que abrange a identificação de variáveis (conhecidas e a calcular), parâmetros e relações, mobilização de conceitos matemáticos os mais diversos (proporcionalidade, números negativos, por exemplo), mobilização de algoritmos e, somente então, consideração de regras sintáticas específicas para, por exemplo, codificação de ordem de operações no âmbito de expressões complexas.

Tal passagem da linguagem natural à linguagem algébrica, dada sua complexidade, demanda conceptualização, ao mesmo tempo que auxilia a própria construção conceitual, conforme dados de pesquisa obtidos por A. P. Brito Lima (Brito Lima, 1996; Brito Lima; Da Rocha Falcão, 1997). Esta pesquisadora, trabalhando com situações de introdução à álgebra elementar junto a crianças de segunda série do ensino fundamental (± 7 anos de idade), "contratou"[16] com tais crianças o seguinte encaminhamento de resolução de problemas: diante de um problema qualquer, antes de se tentar realizar qualquer "conta", a criança deveria fazer um esforço para *reescrever* o problema com desenho, ícones, letras, sentenças. Assim, diante de um problema como o reproduzido abaixo, as crianças foram capazes de propor as representações reproduzidas no Quadro 9:

[16] No sentido dado a *contrato didático* e *contrato de pesquisa* por G. Brousseau (1998) e M. L. Schubauer-Leoni (1986). O leitor poderá encontrar no volume 5 desta série, proposto por L. C. Pais, uma discussão abrangente acerca da contribuição francófona em didática da matemática (ver PAIS, 2002).

**Problema:**

No último domingo de sol em Recife, crianças das praias de Boa Vigem e Piedade resolveram fazer um concurso para a escolha do mais bonito papagaio (*). Trabalhando no sábado pela manhã, as crianças de Boa Viagem conseguiram confeccionar certo número de papagaios e o triplo desta quantidade à tarde. Já as crianças de Piedade conseguiram confeccionar 24 papagaios no total. Sabendo-se que cada grupo de crianças produziu o mesmo número total de papagaios, pergunta-se: quantos papagaios o grupo de Boa Viagem produziu no sábado pela manhã?

(*) *Papagaio* é o termo usado comumente no nordeste do Brasil para *pipa*.

Quadro 9 – Representações propostas para o problema do concurso de papagaios pelos sujeitos **R**. (esquerda) e **A**. (direita), ambos com sete anos e alunos de segunda série do ensino fundamental (reproduzido de Brito Lima e Da Rocha Falcão, 1997).

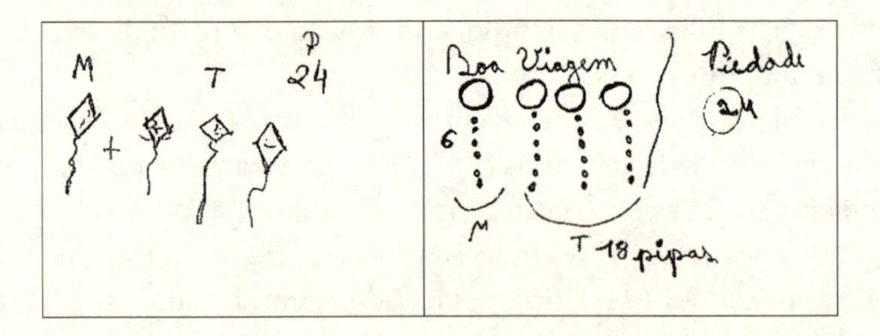


Atendendo ao contrato proposto pelo pesquisador, ambas as crianças foram capazes de produzir representações auxiliares sofisticadas: R. propõe uma representação icônica para "*o tanto de papagaios feitos de manhã*", o que é indicado pela letra M, chamando a atenção para o fato de que aquele ícone não representava UM papagaio, mas UM TANTO (por hora desconhecido) de papagaios. Consistentemente com os dados do problema, R. representa o tanto da tarde por três ícones de papagaio, uma vez que se trata do triplo da quantidade produzida pela manhã. Como se pode ver, R. consegue propor uma representação para um tanto de coisas desconhecidas, abordando assim, por seus próprios meios, uma noção importante no campo conceitual algébrico: a noção de *incógnita*. Apesar disso, R. não consegue resolver o problema, o que será conseguido pelo outro sujeito, A., que é igualmente capaz de propor a representação de um ícone (desta vez menos pictórico que a representação proposta por R.: um círculo) para o tanto de papagaios produzidos pela manhã e três círculos para representar o tanto produzido à tarde. Prosseguindo em sua atividade, A. considera a informação acerca do total de papagaios produzidos pelas crianças de Boa Viagem (24) e inicia um procedimento simples de divisão, desenhando pontinhos sob cada um dos círculos, da esquerda para a direita; a uma determinada altura, A. suspende o trabalho para checar quantos pontinhos já escreveu, consciente de que sua tarefa tem um limite numérico de pontos a desenhar: 24. Ao atingir tal quantidade de pontos, A. suspende seu trabalho, relê o problema (pois não se recorda mais qual era mesmo a questão central – "o tanto de papagaios produzidos em Boa Viagem pela manhã"), conta verticalmente os pontos sob o círculo representativo da produção da manhã em Boa Viagem, faz um traço curvo sob os mesmos e escreve o número 6, respondendo o problema. O procedimento de R. e o de A. ilustram dois aspectos teóricos importantes: em primeiro lugar, o interesse do contrato didático de trabalho. Foi "negociado" com os sujeitos um caminho de abordagem dos problemas matemáticos que consistia em tentar "desenhar", explicar o problema com desenhos e números antes de começar a resolvê-lo. Os dados de A. P. Brito Lima mostram como crianças podem, desde muito cedo, resolver problemas algébricos, desde que sejam auxiliadas a trabalhar algebricamente, representando as informações disponíveis antes de iniciar qualquer procedimento computacional. Em segundo lugar, cabe mencionar a importância dos suportes representacionais para o desenvolvimento da conceptualização em matemática: a noção de incógnita pode ser *mediada*, no contexto da atividade de resolução de problema acima descrita, pelos ícones do papagaio e do círculo propostos espontaneamente pelos sujeitos R. e A. Nessa ordem de ideias, os procedimentos algébrico e aritmético têm suas especificidades e conexões, podendo ser abordados conjuntamente, desde muito cedo, no âmbito da Educação Matemática.[17]

As considerações acima têm claramente desdobramentos em termos de ensino da matemática, pois as relações entre formas possíveis de representação para determinados conceitos matemáticos e a facilitação da aprendizagem dos mesmos recebem suporte empírico de diversas pesquisas em Psicologia da Educação Matemática.[18] Na pesquisa discutida na seção seguinte, avalia-se a eficácia didática de determinados suportes simbólico-representacionais para a aprendizagem de conteúdos matemáticos.

## *Dispositivos didáticos como metáforas conceituais: custo e benefício*

Conforme discutido na parte 1 deste livro, a análise de uma situação de ensino de qualquer conteúdo requer a consideração simultânea de três aspectos absolutamente indissociáveis: o *conteúdo* em questão (ou *campo do saber*), o *aluno* ao qual se destina tal conteúdo e o *professor* que se dispõe a transmiti-lo. No que diz respeito ao conteúdo do saber, é fundamental ter em mente que o conteúdo com o qual o professor trabalha em seu dia a dia, concretizado em manuais, "livros do professor" e currículos oficiais, sofre um importante processo de alteração ao migrar de seu ambiente acadêmico originário para a instituição social de transmissão de conhecimento, que é a escola; tal processo, denominado *transposição didática* por Y. Chevallard (1985), combina-se ainda com o contexto próprio da escola, no âmbito do qual uma série de *contratos didáticos* implícitos e explícitos contribuem fortemente para o produto final em termos de aprendizagem (e dificuldades) no âmbito da sala de aula (Amigues *et al.*, 1988; Pais, 2002). No que diz respeito ao aluno, é importante considerar que, se os conceitos matemáticos têm sempre uma contrapartida operatória, referente a invariantes psicológicos,

---

[17] Ver a esse respeito as discussões de R. Lins e J. Gimenez (1997) e, muito especialmente, as contribuições dos pesquisadores russos V. V. Davydov (1982) e F. Bodanskii (1991).

[18] Uma excelente reflexão e revisão acerca desse tópico é feita por Terezinha Nunes, notadamente em Nunes (1994; 1997).

sua construção e utilização é sempre situada (ou seja, referente a uma situação concreta que a contextualiza) e fortemente condicionada pelos suportes simbólicos disponíveis.

A proposição de uma sequência didática para o ensino de um determinado conceito matemático requer, portanto, a consideração cuidadosa dos obstáculos epistemológicos a vencer, da negociação com o professor e dos contratos a conservar, reforçar e principalmente introduzir (caso dos novos contratos). Precisa ainda levar em conta eventuais *metáforas* às quais fará apelo como auxiliares representacionais, de forma a possibilitar, num primeiro momento, um elo do tipo "como se", que possibilite a capitalização de *conhecimentos-em-ação* (Vergnaud, 2000) já disponíveis rumo à construção de conceitos abstratos.

A pesquisa aqui relatada ilustra a importância da mobilização de metáforas da cultura e o cuidado com o estabelecimento de contratos grupais para a proposição de uma sequência didática exequível, no caso específico da introdução à álgebra elementar. Nessa ordem de ideias, são fornecidos elementos argumentativos no sentido de situar a sala de aula no conjunto de situações significativas da cultura, de forma a romper a falsa dicotomia "sala de aula – mundo externo" (cf. Meira, 1993), sem, contudo, perder de vista as peculiaridades da sala de aula como ambiente estruturador de significados e, em consequência, de aprendizagem.

Conforme discutido em trabalhos anteriores (Da Rocha Falcão, 1995, 1993; Vergnaud, 1991b; Cortes; Vergnaud; Kavafian, 1990; Margolinas, 1991; Filloy; Rojano, 1984), a passagem da aritmética para a álgebra, em geral deflagrada na 6ª série do 1º grau nas escolas brasileiras, se constitui em um processo complexo do ponto de vista psicológico e didático, de vez que o fazer algébrico abrange essencialmente quatro etapas interligadas e com dificuldades específicas:

1. **Mapeamento do problema**: trata-se da primeira representação mental do problema enquanto tal, que envolve a identificação (se possível) da categoria à qual o problema proposto pode ser assimilado, a identificação dos dados (variáveis e parâmetros) e das relações conhecidas, bem como dos dados desconhecidos ou a calcular;

2. **Escrita algébrica** (colocação do problema em equação): trata-se da transposição dos dados e relações identificados na etapa anterior da linguagem natural para um sistema simbólico formal, com uma sintaxe específica. Convém desde já salientar que essa transposição não deve ser encarada enquanto uma transcodificação pura e simples, uma passagem linear de uma linguagem a outra; tal transposição exige uma explicitação prévia das relações matemáticas entre a incógnita e os demais dados do problema, de forma a se poder calculá-la. Por outro lado, tem-se nesta etapa a constituição de um objeto matemático (a equação) sobre o qual poderá operar, na etapa seguinte, um determinado algoritmo de cálculo.

3. **Procedimento de resolução** (cálculo algébrico senso estrito): a característica fundamental dessa etapa consiste na perda de um referencial semântico, ligado ao domínio específico ao qual se refere o problema (físico, econômico etc.), e no estabelecimento de um referencial sintático. Nesse sentido, o trabalho de processamento algorítmico é conduzido por um conjunto de regras sintáticas intramatemáticas (Chevallard, 1989) que configuram um *objeto* matemático.

4. **Retomada do sentido** (formulação da resposta final): esta etapa diz respeito à passagem do *resultado* numérico, obtido ao final da etapa precedente, à *resposta* propriamente dita, o que requer um retorno ao contexto específico do problema, num movimento oposto àquele que caracterizou a etapa 3. Essa etapa permite assim uma verificação crítica da resposta obtida, verificação esta de caráter extramatemático, pois não se baseia num reexame dos cálculos, mas numa confrontação da resposta obtida com a "experiência" do sujeito naquele conteúdo ao qual se refere o problema.

A proposição de esforços didáticos voltados para a introdução à álgebra não pode deixar de considerar estes quatro momentos interligados, de forma a resguardar, desde o início, uma certa fidelidade epistemológica à dupla natureza da álgebra: *objeto matemático* e *ferramenta sociocultural* (Douady, 1986). Não obstante, uma abordagem que efetivamente contemple os quatro aspectos supracitados, no contexto de um único esforço de engenharia didática, tem-se revelado um empreendimento ainda a ser proposto e testado. Nesse sentido, pesquisas envolvendo a utilização da planilha eletrônica no ensino introdutório da álgebra (Da Rocha Falcão, 1992; Capponi, 1990; Rojano; Sutherland, 1991) têm proposto ambientes didáticos voltados para as etapas de *mapeamento do problema* (etapa 1) e de *escrita algébrica* (etapa 2). Não obstante, a análise desses ambientes permite concluir que os mesmos oferecem bem menos recursos no que diz respeito à etapa 3, referente ao *cálculo algébrico*. De fato, uma vez proposto um fluxo de tratamento de dados na planilha eletrônica, fluxo este alimentado com fórmulas de processamento em algumas de suas etapas, caberá ao processador matemático informatizado o trabalho de tratamento algébrico rumo ao resultado. Assim, as diversas etapas e dificuldades desse tratamento tornam-se "invisíveis" na planilha. Nessa mesma linha de raciocínio, M. C. Borba e M. Godoy Penteado, em outro livro desta coleção (Borba; Godoy Penteado, 2002), fornecem outros exemplos de como a calculadora gráfica, utilizando programa para análise de situações envolvendo o campo conceitual das funções, funciona como importante ferramenta mediadora para a conceptualização e resolução de problemas por parte de sujeitos-usuários. Ainda no que diz respeito à planilha eletrônica, temos hoje reforçada a convicção de que tal ferramenta se constitui num poderoso auxiliar para a geração de equações (o que, sem dúvida, é um aspecto difícil, importante e desprezado nos currículos e programas de matemática a nível do ensino elementar), porém limitado quando se trata de propor meios auxiliares para a compreensão dos *script-algoritmos*[19] algébricos.

A constatação dessa limitação da planilha eletrônica em termos da didática da álgebra elementar nos levou a voltar a atenção justamente para a construção de significado para o cálculo algébrico. Uma análise de conteúdo matemático permite evidenciar que o aspecto central à utilização não mecânica do cálculo algébrico passa necessariamente pela construção de significado, a nível psicológico, para o *princípio da*

[19] Um *script-algoritmo*, no presente contexto, é definido como "[...] uma regra ou conjunto de regras que permitem, em face de todo problema de uma classe determinada, achar uma solução (se existe uma) em um número finito de passos, ou demonstrar a inexistência de tal solução" (VERGNAUD, 1991a).

*equivalência entre equações*. Diz-se que duas equações são equivalentes quando ambas têm a mesma raiz, como 2x + 16 = 50 (equação 1) e 2x = 34 (equação 2). Neste exemplo, pode-se passar da equação 1 a 2 por manipulação algébrica, subtraindo-se 16 de ambos os membros da equação 1. Para o auxílio didático à compreensão de tal princípio, propusemos uma sequência didática que faz apelo à ***balança de dois pratos***, ferramenta cultural[20] bastante popular nas feiras livres do nordeste do Brasil.

O apelo a tal ferramenta remete, naturalmente, a uma concepção teórica específica acerca do papel das representações simbólicas na construção conceitual. Diversamente da perspectiva construtivista-estruturalista piagetiana, com sua ênfase em estruturas operatórias às quais a função simbólica bem como as citadas ferramentas da cultura estariam *subordinadas*, propomos, em afinidade com a alternativa teórica explicitada por Vygotski (2001) e Leontiev (1994), que a cultura oferece ferramentas, contextos de atividades específicas e representações simbólicas (e.g., a língua escrita) que têm papel constitutivo no desenvolvimento, além de efeito inegável na explicação de dificuldades e facilidades do indivíduo em qualquer situação de resolução de problemas. Em segundo lugar, e nessa mesma linha de raciocínio, propomos que as representações simbólicas, especificamente, constituem-se num aspecto-chave na aprendizagem da álgebra devido notadamente a dois aspectos: a) tais representações não se constituem em um mero resultado ou superestrutura de estruturas operatórias, mas de um aspecto constituinte dos conceitos, juntamente com os invariantes operatórios e circunstâncias situacionais; b) tais representações vão se constituir num canal importantíssimo de ligação entre o indivíduo e o acervo simbólico de sua cultura, o que propiciará instâncias novas de construção conceitual. Assim, tais representações podem oferecer ao professor a oportunidade de se apoderar de aspectos culturais absolutamente familiares aos

[20] O termo "ferramenta cultural" é aqui utilizado na acepção de "*cultural tool*" proposta por J. Bruner (1972), abrangendo, por exemplo, o código escrito, os algoritmos matemáticos, os amplificadores cognitivos de memória e processamento numérico como o ábaco e os computadores, as convenções sociais de regulagem e marcação do tempo como o calendário.

alunos (como a balança de dois pratos), utilizando-os como *metáforas* para a construção de conceitos formais (como, no caso, o princípio da equivalência em álgebra). Ao serem usadas como metáforas, tais ferramentas da cultura tornam-se, então, "pontes" entre conceitos espontâneos e científicos (Vygotski, 2001). A proposição da sequência didática descrita e analisada na seção seguinte incorpora e busca traduzir concretamente tais linhas de pensamento teórico.

A balança de dois pratos é mobilizada no presente contexto como *metáfora* do princípio da equivalência, sendo que, enquanto ferramenta social para transações comerciais, repousa sobre dois *conhecimentos-em-ação* (Vergnaud, 2000) passíveis de mobilização nesse sentido. Naturalmente, enquanto conhecimentos-em-ação, tais conhecimentos remetem a competências *socialmente situadas* e *eficazes* neste mesmo contexto, porém pobremente explicitadas em termos dos conceitos e relações envolvidas em tal corpo de conhecimento. Não obstante, os referidos conhecimentos-em-ação podem ser explicitados pelo observador psicológico externo, para efeitos descritivos, nos termos seguintes: 1. Estando os pratos da balança equilibrados, numa balança cujo fulcro (base de apoio) esteja situado no ponto médio da haste horizontal, pode-se deduzir que os pesos colocados em cada um dos pratos são iguais. 2. Este equilíbrio não é comprometido por acréscimo ou diminuição de peso, desde que a cada acréscimo ou diminuição realizados em um dos pratos corresponda ação idêntica sobre o outro prato. A partir de tais conhecimentos-em-ação, construiu-se uma sequência didática composta por dez etapas sequenciais abaixo descritas:

- **ETAPA 1:** confrontação dos alunos com um *problema deflagrador*, com estrutura matemática do tipo $\mathbf{ax + b = cx + d}$ (onde a, b, c e d representam números conhecidos, e x representa uma incógnita). Trata-se de um problema algébrico de difícil solução, fazendo-se apelo às ferramentas aritméticas usuais, instaurando, portanto, um determinado *obstáculo epistemológico* (Bachelard, 1965), cujo enfrentamento será a motivação básica das demais etapas. O supracitado problema deflagrador é reproduzido abaixo:

João tem 5 sacos de bolinhas de gude e mais 2 bolinhas de gude avulsas, e seu amigo Pedro tem 3 sacos de bolinhas de gude do mesmo tipo dos de João e mais 6 bolinhas de gude avulsas. Os dois meninos têm, ao todo, o mesmo número de bolinhas de gude. Quantas bolinhas de gude deve ter em cada saco?

- **ETAPA 2:** proposta do primeiro *contrato didático* (Schubauer-Leoni, 1986; Amigues *et al.*, 1988), consistindo no adiamento da resolução do problema deflagrador e introdução da balança de dois pratos como ambiente de trabalho a partir do qual algumas ideias úteis poderão surgir.

- **ETAPA 3:** exploração de dois importantes *conhecimentos-em-ação* (Vergnaud, 1990) acerca das situações observadas na balança de dois pratos, expressos em termos de *princípios*:

  ✓ ***Princípio 1:*** *Nós temos que ter pesos iguais em ambos os pratos para que a balança permaneça em equilíbrio.*

  ✓ ***Princípio 2:*** *Uma vez que a balança está em equilíbrio, se nós fizermos alguma coisa em um dos pratos (adicionar ou suprimir pesos), nós teremos que fazer o mesmo no outro prato para preservar o equilíbrio.*

  ***Princípio derivado do princípio 2:*** *Nós podemos agir com a balança de dois pratos (colocando ou tirando pesos) ou somente imaginar o que nós estamos fazendo, de forma a apenas pensar sobre as situações na balança de dois pratos.*

- **ETAPA 4:** exploração da balança através de registro simbólico em papel de situações inicialmente apresentadas na própria balança, depois ditadas sob a forma de situações-problema. As situações propostas têm as seguintes estruturas algébrico-matemáticas:

| | |
|---|---|
| • $x + a = b$<br>• $2x + y + a = b + y + x$<br>• $2x + y + z + a = 2x + y + b$<br>• $x + y + a + b = y + c$ | a, b, c : pesos conhecidos<br>x, y, z : pesos desconhecidos |

Introdução de mais um par de princípios, referentes à questão da *liberdade da representação simbólica:*

- ✓ ***Princípio 3:*** *Ao trabalhar com o registro de situações na balança, nós podemos representar alguma coisa cujo peso não se conheça por uma figura, palavra ou qualquer outra coisa que se queira, com a finalidade de poder pensar sobre estas coisas (não esquecê-las) na balança.*
- ✓ **Princípio 4:** *Uma vez escolhido um símbolo para representar algo desconhecido, este mesmo símbolo não pode ser usado para representar outra coisa desconhecida, e a relação prévia estabelecida entre símbolo e coisa representada não pode ser mudada em um mesmo problema envolvendo a balança.*

- **ETAPA 5:** ditado de problemas de tipo 1 (semanticamente próximos da situação de pesagem na balança de dois pratos) para representação em diagramas representativos da balança, com proposição por parte do professor-experimentador de mais dois contratos didáticos.

Exemplo de problema de tipo 1:

> Seu Manoel foi comprar mantimentos para sua casa na feira do sábado. Ele comprou 2 sacas de milho em grão e um saco pequeno de arroz. Seu Pedro comprou também um saco pequeno de arroz igual ao que seu Manoel comprou e mais um cesto de mantimentos variados pesando 58 kg. Sabendo-se que o peso total das compras de seu Pedro foi igual ao peso total das compras de seu Manoel, qual foi o peso de cada saca de milho em grão comprada por seu Manoel?

- **ETAPA 6:** ditado de problemas de tipo 2 (semanticamente distantes da situação de pesagem na balança de dois pratos) para representação em diagramas representativos da balança, conservando-se e reforçando-se os contratos negociados na fase anterior.

Exemplo de problema de tipo 2:

| Duas meninas, Carla e Ana, colecionam selos. A coleção de Carla é composta de 70 selos de diferentes países, enquanto que Ana tem 10 selos avulsos e 2 álbuns idênticos e completos, com um mesmo número de selos cada um. Nós sabemos que no total as duas garotas têm cada uma o mesmo número de selos. Quantos selos há em cada um dos álbuns de Ana? |
|---|

- **ETAPA 7:** retomada dos ditados feitos nas etapas anteriores para manipulações ("limpezas de balança") conducentes à resolução das situações propostas.

- **ETAPA 8:** novos ditados com problemas semanticamente distantes dos problemas da balança e utilizando suportes de representação distanciados da reprodução pictórica da balança, conforme ilustrado abaixo; tais suportes consistem pura e simplesmente numa série de igualdades representadas inicialmente no formato A abaixo ilustrado, passando-se em seguida para o formato B. Ainda nesta etapa, as fases de representação e resolução dos problemas são reunidas numa mesma sessão de trabalho.

| A | B |
|---|---|
| ________ = ________ | = |
| ________ = ________ | = |
| ________ = ________ | = |
| ________ = ________ | = |

- **ETAPA 9:** retorno ao problema deflagrador do início da sequência didática (problema de João e Pedro).

- **ETAPA 10:** avaliação do grupo: proposição de problemas algébricos e equações típicos dos programas de 6ª, 7ª e 8ª séries.

A sequência didática aqui apresentada teve como objetivo básico auxiliar a construção de significado para o princípio da equivalência entre equações algébricas, aspecto considerado central para a compreensão dos algoritmos de processamento algébrico. Nesse sentido, buscou-se inicialmente conectar tal princípio à ideia familiar do equilíbrio físico, no contexto da utilização de um artefato cultural igualmente familiar: a balança de dois pratos. A utilização desse artefato enquanto metáfora do princípio matemático acima referido implicou um processo de explicitação de alguns *princípios*, de forma a proporcionar meios para a passagem, a nível psicológico, de esquemas do tipo *conhecimento-em-ação* para esquemas do tipo *conceitual*. Tal metaforização proporcionou, ainda, um suporte de representação para a construção da equação algébrica, assimilando-se, em um primeiro momento, cada prato da balança a cada membro da equação e movendo-se da ideia aritmética da igualdade para a ideia algébrica, através da ideia de equilíbrio entre os pratos/membros da equação.

Enquanto metáfora, ou seja, "andaime" semântico, buscou-se o mais rápido possível propor o afastamento do significante auxiliar (a balança enquanto artefato) pelos princípios em jogo, de forma a se aceder construtivamente ao conceito matemático. Afinal, como ressalta Vergnaud (Vergnaud, 1987a, p. 232), os artefatos representacionais mobilizados no esforço de engenharia didática em matemática não são, nem podem pretender ser, "*a coisa real*" em termos conceituais. Em outras palavras, o conceito de equivalência algébrica não pode, rigorosamente falando, ser reduzido à balança de dois pratos enquanto *conhecimento-em-ação* da cultura, se bem que possa participar de forma poderosa no esforço de construção psicológica do mesmo.

Tendo-se realizado uma experiência semestral de testagem da sequência discutida acima (Da Rocha Falcão, 1995), cabe finalmente enfrentar a questão: *o que uma tal sequência possibilitou aos sujeitos participantes em termos de aprendizagem?* Pode-se dizer que eles aprenderam equivalência algébrica ou que construíram significado para a noção de variável algébrica? A passagem dos princípios 1 e 2 para o *script-algoritmo* de processamento algébrico se realizou com sucesso? Estas são questões inevitáveis, se bem que não passíveis de respostas simples. O progresso dos esquemas psicológicos não pode ser assimilado à dicotomia simplista do "ser ou não ser" competente para realizar determinada tarefa de exame. Um esquema, enquanto organização invariante da conduta para uma determinada classe de situações, não pode ser reduzido a competências congeladas, desconectadas de sua ecologia sociocultural, de seu significado situado. Não é mais cabível, a essa altura da pesquisa, conceber a ideia teórica de "*general problem solvers*" (resolvedores gerais de problemas), algoritmos universais e heurísticas centrais: definitivamente, a cognição não é uma entidade descontextualizada e intransitiva (Lave, 1988). Assim, não há uma resposta simples às questões acima. Não obstante, as análises já realizadas sobre os protocolos produzidos por nossos sujeitos permitem duas conclusões, em termos dos resultados do trabalho com a sequência didática em questão: 1. Um novo e poderoso *contrato* de trabalho (*representar primeiro, resolver depois*) foi negociado e implantado; isso não quer dizer que outros contratos prévios tenham evaporado como por mágica, mas esse novo contrato tornou-se disponível para o professor; 2. Uma nova ferramenta representacional tornou-se igualmente disponível: trata-se do diagrama representacional (........... = ................) derivado da balança.

Esses dois pontos, ao nosso ver, configuram um novo e poderoso esquema psicológico, com base no qual o esforço didático-pedagógico de construção de significado em álgebra pode continuar. Tal aporte psicológico, contudo, pode ser ampliado ao se incorporar à discussão aspectos afetivos relacionados às situações de ensino-aprendizagem de conteúdos matemáticos, conforme é ilustrado por exemplo de pesquisa na seção seguinte.

## *Conceptualização matemática e aspectos afetivos*

A presente seção baseia-se em dados oriundos de trabalho de pesquisa voltado originariamente para a busca de suporte empírico para a discussão ainda contemporânea (Damásio, 1996; 2000; Searle, 2000), remontando, porém, ao Iluminismo (Descartes, 1973), referente às eventuais diferenciações e separações (mas também conexões) entre os polos afetivo e racional-cognitivo do funcionamento psicológico humano (conforme discussão acerca deste tópico na parte 1 deste livro). Na busca de tais subsídios empíricos, foram encontrados dados interessantes acerca de conexão entre aspectos afetivos (operacionalizados em termos da autoestima) e aspectos cognitivos (operacionalizados, por sua vez, em termos de desempenho em matemática escolar); tais dados foram apresentados e discutidos por I. Hazin (Hazin, 2000; Hazin; Da Rocha Falcão, 2001).

A pesquisa aqui referida trabalhou com crianças na faixa etária de 12 a 14 anos, alunos da 5ª série do Ensino Fundamental, em uma escola pública estadual, na cidade do Recife. A opção pela 5ª série decorre de especificidade desse nível escolar, segundo dados de 1993 do Sistema Nacional de Avaliação da Educação Básica (SAEB) (MEC,1995), que apontam tal momento da escolarização como sendo caracterizado por uma queda média significativa no desempenho e consequente taxa de aprovação em matemática. A presente pesquisa compreendeu três etapas principais[21]: A etapa 1 compreendeu a aplicação individual do teste de desenho de uma casa, de uma árvore e de uma figura humana (*House, Tree, Person* – HTP), com a utilização das fases cromática e acromática, com o objetivo de avaliar o nível de autoestima dos sujeitos inicialmente disponíveis para participação. O teste foi aplicado individualmente a todos os alunos das duas turmas de 5ª série do turno da manhã da escola escolhida. No que diz respeito à *negociação* prévia com os sujeitos, estes foram informados de que iriam tomar parte de um trabalho na escola com todos os alunos de 5ª série do turno da manhã, trabalho este envolvendo desenhos e atividade de resolução de problemas em matemática. Os sujeitos foram ainda informados que haveria uma primeira etapa para todas as crianças, seguida por etapa de trabalho com um grupo menor, formado por dez meninas e dez meninos. Entretanto, frisamos que a seleção deste grupo utilizaria como critérios aspectos diferentes do certo e errado, que nós estávamos interessados em conhecer um pouco sobre como os alunos de quinta série relacionavam-se consigo mesmas e com as demais pessoas. A partir de tal procedimento de testagem, partiu-se de amostra inicial de 81 crianças, chegando-se a um grupo final de 20 sujeitos, de acordo com procedimento de constituição das duplas ilustrado pelo Quadro 10 a seguir.

---

[21] O referido teste foi utilizado de acordo com os critérios de administração e interpretação descritos por E. Hammer (1991).

Quadro 10 – Plano de constituição das duplas de sujeitos em função do gênero e do nível de autoestima detectado (reproduzido de Da Rocha Falcão; Hazin, 2002).

| | **Meninos** | | **Meninas** | |
|---|---|---|---|---|
| **Autoestima elevada (■)** | ■■ A1<br>■ C1 | ■● A2<br>C2 C3<br>■ ● | ●● A1<br>● C1 | Autoestima Elevada (■) |
| **Autoestima baixa (□)** | □<br>□□ B1 | □ ○<br>□○ B2 | ○<br>○○ B1 | **Autoestima baixa (□)** |

Tal procedimento consistiu em formar duplas homogêneas e heterogêneas em função do nível de autoestima e gênero.[22] Constituídas as duplas, os sujeitos foram submetidos a um questionário de avaliação desenvolvido inicialmente pela equipe da Secretaria de Educação da Cidade do Recife, e implementado pelo Núcleo de Pesquisa em Avaliação de Pernambuco (NAPE) – UFPE (ver detalhes em Marcuschi e Soares, 1997); tal questionário foi desenvolvido para avaliação global de desempenho em matemática ao final do primeiro ciclo do ensino fundamental, conforme perfil de habilidades, competências e conhecimentos reproduzido no Quadro 11 a seguir.

A resolução deste questionário, pelas duplas, aconteceu em uma única sessão de trabalho. Os dados de protocolos gerados pelas duplas foram categorizados e analisados em termos de dois itens básicos: perfil de acertos e tipo de procedimento.

[22] A consideração da variável *gênero* na constituição das duplas partiu do interesse em se verificar empiricamente uma eventual diferenciação de desenvolvimento biológico e psicoafetivo entre meninos e meninas na fase da adolescência, com eventuais repercussões em termos de desempenho matemático escolar (para uma discussão mais extensa desse aspecto, ver DA ROCHA FALCÃO; LOOS, 1999).

Quadro 11 – Perfil básico de questões propostas no questionário NAPE (reproduzido de Da Rocha Falcão; Hazin, 2002).

| **Aspecto matemático visado** [$G_n$= Grupo] **e número de questões no teste** | **Exemplo de um item do teste** |
|---|---|
| $G_1$ = **Problemas de estrutura aditiva**<br>- 3 questões | Um avião deve percorrer uma distância de 962 km em duas etapas: na primeira etapa ele percorrerá uma distância de 642 km. Quantos quilômetros este avião terá de percorrer na segunda etapa? |
| $G_2$ = **Problemas de estrutura multiplicativa**<br>- 3 questões | Uma canoa pode transportar um máximo de 200 kg por viagem. Qual seria o número mínimo de viagens que esta canoa deveria fazer de forma a transportar 8 pessoas, cada uma delas pesando 60 kg? |
| $G_3$= **Questões envolvendo o uso de algoritmos**<br>- 2 questões | Faça estas contas:<br>3529 ÷ 15<br>3847 + 5 + 98 |
| $G_4$= **Questões envolvendo a compreensão do sistema decimal de contagem e notação**<br>- 2 questões | O número **oitocentos e dois** escrito em algarismos hindu-arábicos é:<br>___ ______ |
| $G_5$= Questões de geometria<br>- 3 questões | Olhe atentamente para esta peça de jogo de encaixe: como seria vista esta peça se olhada de cima para baixo? [**Opções mostradas abaixo**] |

| Aspecto matemático visado [$G_n$ = Grupo] e número de questões no teste | Exemplo de um item do teste |
|---|---|
| | 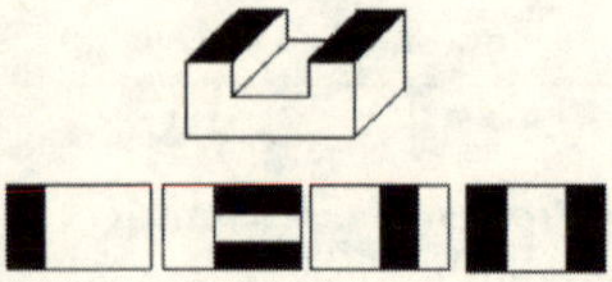 |
| **$G_6$ = Questões envolvendo frações** - 3 questões | A figura abaixo representa uma barra de chocolate. Preencha de preto a parte correspondente, nesta figura, à adição seguinte: 2/6 + 1/6 da barra de chocolate. 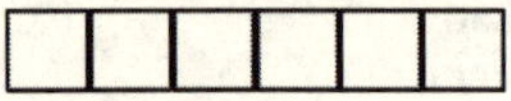 |
| **$G_7$ = Questões referentes à compreensão de gráficos estatísticos descritivos e medidas usuais** - No gráfico à direita, quantos sorvetes foram vendidos em outubro, considerando que esta quantidade foi o dobro de setembro? - 4 questões | 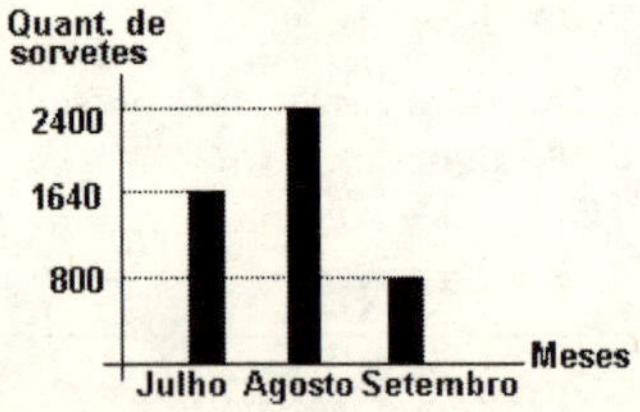 Quant. de sorvetes; 2400; 1640; 800; Meses; Julho; Agosto; Setembro |

Uma vez realizada tal categorização, os dados foram analisados em ambiente de análise descritiva multidimensional do tipo Classificação Ascendente Hierárquica (CAH[23]), complementada por análise clínica,

[23] A Classificação Ascendente Hierárquica é um método de análise descritiva multidimensional de dados que permite estabelecer partições, nos dados observados, gerando-se classes e subclasses em determinado grupo de sujeitos, a partir de uma série de características, todas consideradas simultaneamente. Assim, se uma análise unidimensional vai descrever uma amostra de dados em função de um único critério (por exemplo, a renda média do brasileiro), a análise multidimensional poderia descrever o brasileiro médio em função, simultaneamente, de vários critérios: renda, local de residência, classe social, estado civil... Para uma discussão introdutória acerca de tais métodos de análise, ver J.-P. Fenelon (1981) e H. Rouanet e colaboradores (1987).

tendo-se evidenciado a existência de uma *conexão* entre a autoestima, eleita como representante do polo afetivo, e o desempenho em matemática, conforme sugerido pelos Esquemas 7 e 8 a seguir. O Esquema 7, especificamente, resultante de procedimento de análise descritiva multidimensional mostra que foram obtidas duas árvores classificatórias de perfil quase idêntico, a partir de dois conjuntos de dados diversos: a árvore 1 resulta da análise de variáveis descritivas (gênero, nível de autoestima dos membros das duplas), enquanto que a árvore 2 resulta de informações acerca do desempenho no teste de habilidades matemáticas proposto (Questionário NAPE – ver Quadro 11).

Esquema 7 – Representação da árvore hierárquica (método de Classificação Ascendente Hierárquica) produzida a partir das variáveis descritivas (gênero e nível de autoestima das duplas) e de desempenho no teste NAPE (adaptado de Hazin; Da Rocha Falcão, 2001).

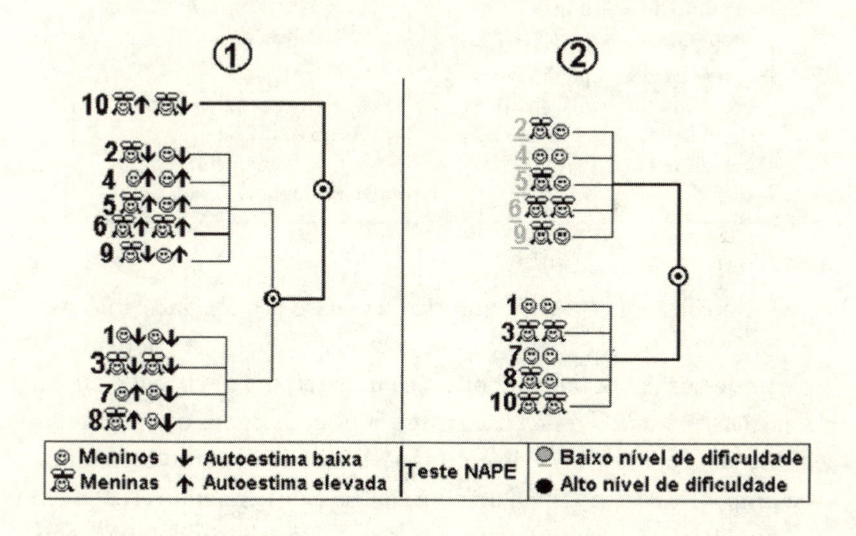


Observe o aspecto interessante evidenciado por essa pesquisa: um mesmo grupo de sujeitos é dividido de forma idêntica a partir de dois procedimentos classificatórios diferentes! Isso permite pensar que esses dois critérios podem ter ligação entre si: quando olhamos os dados descritivos dos sujeitos, obtemos os perfis globais reproduzidos pelo Esquema 8 abaixo:

Esquema 8 – Dados empíricos acerca de conexão entre autoestima e desempenho em matemática (extraído de Hazin; Da Rocha Falcão, 2001).

| - **Duplas de crianças com autoestima elevada** (produção HTP típica reproduzida acima):<br>- Padrão de trabalho cooperativo.<br>- Nível de desempenho nos problemas de avaliação significativamente superior às demais duplas. | - **Duplas de crianças com autoestima baixa** (produção HTP típica reproduzida acima):<br>- Padrão de trabalho individualista e não cooperativo.<br>- Nível de desempenho nos problemas de avaliação significativamente inferior às demais duplas. |
|---|---|

Não obstante tal dado empírico, é preciso prudência na interpretação de tal conexão, com os dados ora disponíveis: não podemos, a partir de tais dados, afirmar que haja uma r*elação de causalidade em uma determinada direção*; não se dispõe aqui de dados que permitam afirmar se a autoestima é determinante e se constitui num preditor do desempenho escolar em matemática ou se o desempenho escolar em matemática, por sua vez, desponta como um critério determinante do nível de autoestima apresentado pela criança. Podemos, por enquanto, afirmar que fica demonstrada aqui uma conexão empírica, restando aprofundar a natureza da mesma: direção dominante (A causa B ou B causa A) *versus* processo dialético de causação mútua, hipótese mais complexa pela qual nos inclinamos e que merece estudos aprofundados.

Esta seção explorou, portanto, um domínio que nos parece bastante representativo das contribuições da Psicologia da Educação Matemática, qual seja o papel das variáveis afetivas sobre o processo psicológico complexo de aprendizagem de conteúdos matemáticos em contexto escolar. Gostaríamos de fechar esse breve painel de exemplos de tais contribuições com pesquisa voltada para a importância da interação aluno-professor, pondo-se em evidência agora o papel de ações verbais discursivas de tipo argumentativo para a aprendizagem da matemática. Tal tópico é desenvolvido na seção seguinte.

## *Conceptualização e argumentação: situações de interlocução e seu potencial como agentes de mudança cognitiva*

A pesquisa aqui apresentada nasce da reflexão teórica acerca do interesse da linguagem em geral, e de atividades discursivo-argumentativas em particular, para o desenvolvimento conceitual em matemática e, particularmente, em álgebra.

No Brasil, o currículo das séries fundamentais propõe que a álgebra deve esperar para ser apresentada depois que os alunos já tenham domínio de alguns princípios aritméticos. Esta sequência de apresentação se justifica por dois motivos: primeiro, como consequência de um processo de *transposição didática* da matemática, reflexão segundo a qual se torna necessário vivenciar alguns conteúdos e procedimentos aritméticos para depois passar à álgebra. O segundo motivo vem ligado a algumas formulações da Psicologia Cognitiva, notadamente as de Piaget, que acreditava que a aritmética, por ser mais ligada ao concreto, com seus procedimentos de resolução de problemas ligados à semântica específica destes problemas, representaria um campo de trabalho mais acessível que a álgebra, com seus procedimentos formalizadores, generalizantes e fortemente sintáticos (Piaget; Garcia, 1983). A álgebra é uma ferramenta cultural poderosa de resolução de problemas, cujo momento de apresentação em termos de currículo e programas de matemática (necessariamente posterior à aritmética) parece suscetível de discussão e exame no contexto da pesquisa (ver, a esse respeito: Brito Lima, 1996; Lins Lessa, 1996; Brito Lima; Da Rocha Falcão, 1997).

Em função de tais questionamentos, foi proposto um trabalho de pesquisa voltado para a construção e exame de uma sequência didática para introdução à álgebra elementar na segunda série do ciclo fundamental (para detalhes acerca da referida proposta, ver Da Rocha Falcão *et al.*, 2000). Tal sequência didática abrangeu quatro módulos interligados e sequenciados, com ênfases, respectivamente, na identificação e modelização de relações (Módulo 1), passagem da representação icônica à representação simbólica (Módulo 2), detecção de semelhanças e diferenças (Módulo 3) e estabelecimento de relações envolvendo grandezas desconhecidas (Módulo 4). O trabalho de pesquisa aqui referido[24] volta-se para uma análise de fragmentos de protocolos dos módulos 3 e 4 supracitados, analisando-se as trocas argumentativas ocorridas, tendo em vista determinado instrumento analítico desenvolvido por S. Leitão (ver especificamente Leitão, 2000). Tal análise parece-nos especialmente relevante tanto do ponto de vista teórico quanto do ponto de vista metodológico e didático-pedagógico.

No contexto da sala de aula, dificilmente as trocas argumentativas estão presentes como recurso didático importante para a construção de significado em matemática. Não obstante, a argumentação é um processo discursivo que pode favorecer mudanças conceituais, uma vez que desencadeia processos de revisão de pontos de vista a partir de perspectivas opostas, contribuindo para negociação de significados e emergência de novos conhecimentos. Assim, foram analisados, através do instrumento analítico supracitado, três tipos de ações discursivas que estabelecem a argumentação no contexto de sala de aula, ações estas que podem abrir espaço para a "debatibilidade" dos assuntos escolares: **a) Ações Pragmáticas** – aquelas que criam condições necessárias para o surgimento da argumentação, através da instituição da divergência entre os participantes; estimulam o processo de negociação de significados, como método para resolução de divergências e estabelecem o consenso como meta

[24] Para dados mais detalhados acerca da referida pesquisa, ver Da Rocha Falcão *et al.* (2002).

a ser alcançada; **b) Ações Argumentativas** – formulam pontos de vista, justificam posições, contra-argumentam, reagem a contra-argumentos (e/ou incentivam; **c) Ações Epistêmicas** – expõem formas de raciocínio/procedimentos típicos em um dado domínio de conhecimento, oferecem informação que se incorpora (espera-se que) às posições dos alunos, conferem estatuto epistêmico às elaborações dos alunos e aproximam estas elaborações do conhecimento canônico do campo conceitual em questão. Propomos que tal instrumento analítico pode capturar tanto o processo de negociação de pontos de vista, que podem surgir a partir de oposição de argumentos, como as revisões e mudanças de perspectivas em função do processo dialógico-argumentativo estabelecido. Além disso, pode evidenciar o desenvolvimento do processo argumentativo entre estudantes no contexto desta atividade algébrica, assim como as intervenções argumentativas do professor diante das construções dos alunos. Uma breve ilustração de tais possibilidades analíticas é fornecida a seguir, com a transcrição de extratos de protocolo devidamente analisados:

**Contexto da atividade analisada**: Atividade coletiva em sala de aula de 2ª série do ensino fundamental, dirigida por pesquisador em educação matemática que assume a classe uma vez por semana, durante duas horas. Na atividade aqui analisada, explora-se a expressão de desigualdades entre cardinais de conjuntos de bolinhas de isopor. A atividade começa com o professor mostrando aos alunos dois recipientes cobertos com folhas de papel opaco, de forma a não permitir a visualização da quantidade de bolinhas em seu interior (ver à direita ilustração do dispositivo utilizado).

O professor-pesquisador convida as crianças a expressarem esses cardinais com o uso de incógnitas e escreverem sentenças matemáticas, já familiares, do tipo $G > J$, logo $G - J = D$ [diferença] e $G = J + D$ ou $J = G - D$.

<table>
<tr><td colspan="3">[1] Professor: [...] não é pra contar não!!! Pronto, então agora eu queria que vocês me dissessem [Gritos, professor é interrompido]. Se a gente não tivesse conseguido ver... a gente sabe que aqui [pote azul] tem mais do que aqui [pote rosa]. Como é que a gente poderia fazer para escrever aquela sentença matemática?</td></tr>
<tr><td rowspan="3">AÇÕES</td><td>Prag.</td><td>• Apresenta o tema [escrita da sentença] como passível de discussão.</td></tr>
<tr><td>Argu.</td><td>• Estimula formulação de pontos de vista ["como... fazer... para...?"].</td></tr>
<tr><td>Epist.</td><td>• Com relação ao domínio do conhecimento em pauta, estimula formulação de hipótese.</td></tr>
</table>

[2] Aluno 1: [Inaudível].

[3] Professor: [Chama Aluno 1 para escrever a sentença no quadro].

[4] Aluno 1: [Vai ao quadro com Cleiton, que fica silencioso ao lado, giz na mão].

[5] Professor: [Dirigindo-se ao Aluno 1]: Pronto, escreve aqui no quadro, você quer dar uma letra para cada pote desse?

[6] Aluno 1: [Sugere as letras T e C que Professor escreve nos papéis que recobrem os potes azul e rosa, respectivamente].

[7] Cleiton: [Durante a fala do Aluno 1, escreve no quadro]: $T - C = D$.

**Ação argumentativa:** Propõe ponto de vista [a desigualdade em questão é escrita na forma $T - C = D$];

**Ação epistêmica:** Do ponto de vista do domínio de conhecimento focalizado, formula hipótese sobre a forma de representar a desigualdade.

<table>
<tr><td colspan="3">[8] Professor: [falando com Cleiton]: Olha só! $T - C = D$, por que você colocou o $T$ primeiro?</td></tr>
<tr><td rowspan="3">AÇÕES</td><td>Epist.</td><td>• Confere estatuto canônico a pontos de vista dos alunos ["olha só! $T - C = D$"].</td></tr>
<tr><td>Prag.</td><td>• Apresenta tema [sequência em que os componentes do ponto de vista/sentença devem aparecer] como passível de discussão ["$T$ deve vir primeiro"; aspecto implícito no ponto de vista do aluno é explicitado e tratado como ponto de vista a justificar].</td></tr>
<tr><td>Argu.</td><td>• Elicita justificativa [..."por que $T$ primeiro"?].</td></tr>
</table>

[9] Cleiton: Porque o $T$ é maior.

**Ação argumentativa:** Justifica ponto de vista explicitado em [8];

**Ação epistêmica:** Formula raciocínio típico do domínio de conhecimento em pauta.

<table>
<tr><td colspan="3">[10] Professor: [enfático, dirigindo-se à turma] porque o $T$ é maior! Todo mundo prestou atenção no que ele escreveu? E por que foi que tu usasse letra, Cleiton?</td></tr>
<tr><td rowspan="3">AÇÕES</td><td>Epist.</td><td>• Confere estatuto canônico à justificativa de Cleiton [enfático, "porque $T$ é maior!"].</td></tr>
<tr><td>Prag.</td><td>• Apresenta tema [forma de representação da desigualdade] como passível de discussão ["deve-se usar letra", aspecto implícito no ponto de vista do aluno é explicitado e tratado como ponto de vista a justificar].</td></tr>
<tr><td>Argu.</td><td>• Elicita justificativa.</td></tr>
</table>

[11] Cleiton: [Inaudível].

[12] Professor: Fala alto!

[13] Cleiton: [Inaudível].

<table>
<tr><td colspan="3">[14] Professor: [dirigindo-se à turma]: Olha só, vê o que ele escreveu. Ele escreveu uma coisa muito importante [aponta para a sentença escrita por Cleiton: $T - C = D$]. O que eu perguntei, quem é que pode me dizer por que foi que Cleiton usou letra, por que nesse caso foi bom usar letra?</td></tr>
<tr><td rowspan="2">AÇÕES</td><td>Epist.</td><td>• Confere estatuto epistêmico ao enunciado de Cleiton [ele escreveu uma coisa muito importante: $T - C = D$].</td></tr>
<tr><td>Argu.</td><td>• Elicita justificativa [..."por que... bom usar letra...?"].</td></tr>
</table>

[15] Aluno 3: [Inaudível].

<table>
<tr><td colspan="3">[16] Professor: Ele sabia quanto era o número de bolinhas?</td></tr>
<tr><td>A<br>Ç<br>Õ<br>E<br>S</td><td>Epist.</td><td>• De forma indireta, oferece informação que espera que se converta em premissa de argumentos dos alunos [letra, porque quantidade é desconhecida].</td></tr>
</table>

[17] Aluno 3: Não!
[18] Aluno 4: [Fazendo gozação]: Sabia, porque ele viu!

<table>
<tr><td colspan="3">[19] Professor: Ele sabia porque vocês olharam e viram, mas se a gente não tivesse conseguido ver? Então nesse caso que a gente não sabe qual é o tanto de bolinhas, é o caso em que a gente usa letra, por que a gente ainda não sabe. Mas ainda assim, a gente pode escrever e ainda assim a gente sabe que isso aqui [aponta para o T da expressão] é certo, por quê? Aqui [pote azul marcado com letra T] tem mais, não é? Então, se aqui tem mais e aqui tem menos [pote rosa marcado com letra C], dá a diferença, não é? Então, mesmo que a gente não saiba o tanto de bolinhas que tem aqui [pote], a gente sabe que tem uma diferença, e que isso que Cleiton escreveu está certo. Agora, Cleiton, já que você fez isso aqui, e foi assim tão sabido, eu queria que você escrevesse, Cleiton, pra ficar igual [escreve no quadro a expressão $T = C$ e espera que os alunos utilizem a letra referente à diferença [D], chegando a propor $T = C + D$].</td></tr>
<tr><td rowspan="2">A<br>Ç<br>Õ<br>E<br>S</td><td>Argu.</td><td>• Justifica ["porque a gente não sabe o tanto"] ponto vista de implícito de Cleiton ["usa letra"].<br>• Antecipa possível objeção dos alunos [se não sabe o tanto, não pode...].<br>• Responde à objeção antecipada ["...ainda assim... pode escrever... saber que tem diferença... e que isso que Cleiton escreveu é certo"].<br>• Elicita ponto de vista [como representar igualdade sabendo-se que os potes contêm quantidades diferentes e que a expressão solicitada começa com $T = C$].</td></tr>
<tr><td>Epist.</td><td>• De forma direta, oferece informação que espera que se converta em premissa de argumentos dos alunos [letra, porque quantidade é desconhecida].<br>• Reafirma estatuto canônico do ponto de vista de Cleiton ["isso que Cleiton escreveu está certo"].</td></tr>
</table>

O extrato de protocolo acima transcrito permite constatar quatro aspectos relevantes: 1. No plano pragmático, foram pouco frequentes as ações verbais do professor que apresentavam o conteúdo focalizado como passível de polemização (ações no plano pragmático; 2. No plano argumentativo, no qual se concentraram a maioria das ações do professor, observou-se que as interações professor - alunos se caracterizaram por um tipo particular de sequência conversacional: ciclos de solicitação de pontos de vista (pergunta do professor) - formulação de pontos de vista (resposta dos alunos) - avaliação dos pontos de vista dos alunos (pelo professor); 3. Tais avaliações legitimavam pontos de vista que se aproximavam do conhecimento canônico do domínio de conhecimento em questão, desencorajando os que deste se afastavam (ação no plano epistêmico). Ainda no plano epistêmico, o professor ofereceu informação com a qual esperava que os alunos passassem a justificar suas próprias posições. Tais resultados permitem que se caracterize o processo de construção de conhecimento implementado como um processo primordialmente orientado para formulação e justificação de pontos de vista (contra-argumentação foi registrada em apenas uma das falas do professor). O que merece atenção aqui é que, embora a formulação de argumentos (ponto de vista + justificativa) seja um aspecto básico do processo de construção de conhecimento que a argumentação instaura, é precisamente o surgimento de oposição (contra-argumentação) o mecanismo considerado capaz de abrir um argumento à revisão, favorecendo com isto (mesmo que não o garanta) o surgimento de mudança nas posições dos argumentadores (Leitão, 2000). Os dados analisados na presente pesquisa mostraram, portanto, que a argumentação permanece parcialmente implementada na sequência conversacional analisada. Tal dado torna-se particularmente interessante quando lembramos que a situação acima referia-se a contexto de pesquisa, com um pesquisador fazendo as vezes de professor na testagem de sequência didática para a introdução à álgebra elementar. Nesse sentido, trata-se de contexto de atividade em que aspectos didáticos são especialmente valorizados, se bem que do ponto de vista das ações discursivo-argumentativas, conforme demonstrado acima, haveria aspectos claramente passíveis de revisão e aperfeiçoamento.

As presentes considerações encerram o Capítulo II do presente livro, em que se pretendeu dar exemplos de iniciativas de pesquisa consideradas tributárias de esforços de problematização e teorização oriundos da Psicologia da Educação Matemática. Nesse sentido, procuramos mostrar exemplos concretos de pesquisa que dessem conta daqueles três aspectos que indicamos, na parte 1 deste livro, como cruciais e caracterizadores de contribuições em Psicologia da Educação Matemática:

1) Preocupação com a *atividade mental* subjacente às diversas atividades de *aprendizagem*: as pesquisas aqui mostradas buscaram sistematicamente relacionar aprendizagem ao acervo de conceitos disponíveis, mostrando o processo dinâmico que se estabelece entre competências conceituais e preconceituais (como é o caso das competências-em-ação, como a habilidade do sujeito R., ao mobilizar teorema-em-ação da divisão para resolver o problema algébrico das pipas, ilustrado pelo Quadro 9), e a aprendizagem e desenvolvimento de habilidades de resolução de problemas em matemática. Nessa mesma linha de reflexão, cabe igualmente mencionar o interesse de interações discursivas como motor de mudança *real* de ponto de vista por parte dos alunos: qualquer professor sabe que muitas vezes o aluno "afirma" algo em que ele não acredita em absoluto, movido tão somente por submissão ao poder do professor e da instituição escolar. Conseguir uma efetiva mudança de ponto de vista do aluno é tarefa pedagógica bem mais sofisticada e eficaz.
2) Preocupação em fornecer novos dados acerca do papel de aspectos como *motivações*, *atitudes* e *afetos*, conforme demonstrado pela pesquisa que buscou estabelecer relações entre autoestima e desempenho escolar em matemática.
3) Finalmente, as pesquisas que serviram de ilustração nesta segunda parte do livro basearam-se todas em expectativas teóricas (acerca da natureza dos conceitos matemáticos, bem como acerca do processo de aprendizagem) e epistemológicas

(voltadas para a preocupação em construir conhecimento científico, extraindo dos dados o que eles podem oferecer e não mais que isso).

Os Capítulos I e II ilustram, em termos teórico-práticos, uma perspectiva acerca desse campo fascinante de pesquisa que é a Psicologia da Educação Matemática. Na edição inicial deste livro, passávamos em seguida a considerações conclusivas relacionadas a um breve mapeamento, no Brasil e no mundo, dos pesquisadores e das instituições que têm participado do dia a dia da construção desse domínio interdisciplinar de conhecimento. Na presente edição, consideramos necessário inserir um capítulo adicional, igualmente relevante para a devida caracterização da Psicologia da Educação Matemática como domínio propiciador de pesquisa e intervenção no contexto das situações de ensino e aprendizagem de matemática escolar. Referimo-nos aqui à abordagem do professor de Matemática não somente como "engenheiro didático",[25] mas também como trabalhador no sentido mais pleno abarcado pela Psicologia do Trabalho. A presente inserção decorre claramente de inflexão na carreira de pesquisador e formador do autor do presente livro, em direção aos processos de construção de significado fora da escola, no contexto do mundo do trabalho.

[25] A expressão "engenharia didática" é oriunda do acervo de contribuições francófonas da didactique des mathématiques (didática da matemática). Cf. Douady (1986). O professor que atua efetivamente como "engenheiro didático" é aquele que constrói "sequências didáticas" cuidadosamente planejadas para permitir ao aluno o devido suporte, notadamente em termos de metáforas conceituais e sequenciamento de conteúdos, para a construção de significado para campos conceituais, conceitos e algoritmos da matemática escolar. As sequências didáticas envolvendo a proposição de balanças de dois pratos para a introdução do princípio da equivalência em álgebra (cf. DA ROCHA FALCÃO, 1993; 1995) serviriam, aqui, como ilustrações das referidas iniciativas de engenharia didática.

Capítulo III

# Do engenheiro didático ao trabalhador em risco psicossocial: alegrias e desventuras do professor de Matemática em seu dia a dia[26]

No artigo que embasa o presente capítulo (Da Rocha Falcão, 2017), chamo a atenção do leitor para o fato de que a incorporação de problemáticas oriundas do campo da Psicologia do Trabalho por parte do campo da Psicologia da Educação Matemática implica, em primeiro lugar, a consideração de alguns operadores teóricos que não estavam contemplados quando se tratava os professores de matemática exclusivamente como "engenheiros didáticos". Ora, a abordagem do que faz (ou deixa de fazer) o professor de Matemática como trabalhador vinculado a uma "profissão, coletivo de trabalho e gênero profissional" (Clot, 2006; 2008; Da Rocha Falcão; Clot, 2011) que ultrapassa, em suas atribuições e papéis, a condição de "engenheiro didático" não pode prescindir de abarcar um conjunto de aspectos que são aqui abordados. Nossa iniciativa surge também como fruto do esforço ampliado, desde a publicação da edição inicial deste livro, no sentido de atender ao professor de Matemática não somente em suas iniciativas de engenharia didática, em seu dia a dia de esgotamento

[26] O presente capítulo retoma, com adaptações, um texto publicado em forma de artigo (cf. DA ROCHA FALCÃO, 2017).

profissional (*burnout*[27]), de realizações vinculadas à sensação de "trabalho bem feito" (Clot, 2006; 2008), de desenvolvimento pessoal, como também de adoecimento e mesmo de morte. Para todo aquele que exerce determinado ofício ou atividade profissional, o que inclui a atividade profissional do professor de Matemática, quatro princípios ou tópicos não podem ser desconsiderados. Essa é uma contribuição central da Psicologia do Trabalho e das organizações à Psicologia da Educação Matemática, cujos princípios são resumidamente expostos a seguir.

### *Princípio da centralidade do trabalho em sociedades contemporâneas*

A atividade de trabalho não se limita a um simples exercício de rotinas ou à mobilização de rol de competências, habilidades em comportamentos adequados em função de demandas de organizações ou contexto de trabalho. Mais que isso, o trabalho é central para a constituição da identidade social dos indivíduos nas sociedades ocidentais contemporâneas, mas os impactos de sua perda (desemprego ou aposentadoria), seu empobrecimento (esgotamento profissional ou *burnout*) ou sua precarização podem ocasionar riscos psicossociais indutores de adoecimento psíquico e somático. O trabalho, enquanto atividade humana, tem, portanto, um papel crucial para o desenvolvimento psicossocial do indivíduo trabalhador. Isso não elude aspectos relacionados às esferas do político, econômico, histórico e mesmo à esfera das habilidades e competências envolvidas na realização de tais atividades, apenas ressalta a importância do trabalho e do ofício para o devir psicossocial do trabalhador.

---

[27] *Burnout* é o termo em língua inglesa usualmente mencionado em Psicologia do Trabalho e das organizações, no Brasil e restante do mundo, para caracterizar síndrome de "esgotamento profissional" (termo correspondente usual em português) apresentado por trabalhadores num quadro do adoecimento diretamente atribuível ao exercício profissional. Embora o *burnout* não se caracterize como uma doença propriamente dita, sem inclusão no DSM (Diagnostic and Statistical Manual of Mental Disorders), configura-se como vivência de mal-estar e sofrimento psíquico associados ao exercício de determinado ofício profissional (para dados adicionais acerca do *burnout*, ver VAZ DE LIMA, 2021; FONTES, 2016).

### *O trabalho prescrito, realizado, possível e impedido*

Todo trabalhador recebe da organização em que se insere, ou de quem solicita/contrata seus serviços (no caso do trabalho autônomo/informal), determinadas demandas que vão caracterizar o que correntes de pesquisadores em Psicologia do Trabalho vão chamar de *trabalho prescrito* ou *a realizar*. Tais prescrições nascem desses demandantes originais e são reforçadas e/ou distorcidas pelos coletivos de trabalho em que se insere esse trabalhador (os conceitos de coletivo de trabalho bem como o de gênero profissional serão abordados na sequência). As demandas do trabalho prescrito têm usualmente como enquadre normas escritas de natureza jurídico-trabalhista (o contrato de trabalho), um conjunto de prescrições que descrevem o núcleo de tarefas que se espera que sejam cumpridas pelo profissional. Isto posto, cabe mencionar que entre o trabalho *prescrito* e o trabalho efetivamente *realizado* há *sempre* e *necessariamente* um certo grau de distanciamento. Tal distanciamento pode ser negativamente assimilado à esfera da indisciplina ou descumprimento deliberado de compromissos, ou positivamente associado à esfera das tentativas de cada trabalhador para dar seu "*toque pessoal*" a normas impessoais de desempenho no trabalho (cf. Da Rocha Falcão, 2017). Tais distanciamentos se explicam tanto por iniciativas, por parte do trabalhador, de "dar seu toque pessoal" quanto em decorrência de *impedimentos* à atividade do trabalho, sejam eles de natureza externa e objetiva (como salário, horário/turnos de trabalho, acessibilidade do local de exercício profissional), sejam de natureza interna e psicossocial (como é o caso dos eventuais conflitos que podem vir a ocorrer em relação aos coletivos de trabalho e gênero profissional).

### *O coletivo e o gênero profissional*

Uma contribuição inescapável que se espera de qualquer quadro de referenciamento teórico em Psicologia diz respeito ao estabelecimento das chamadas "unidades de análise para o estudo de fenômenos do domínio dos processos psicológicos". Nesse sentido, uma Psicologia do Trabalho demanda referenciamento por uma Psicologia Geral, da qual obtenha princípios de ordem epistemológica e metodológica, por sua vez necessários ao estabelecimento das unidades de análise para a abordagem de processos mentais superiores em contexto de trabalho (cf. Da Rocha Falcão, 2021). Se adotarmos a perspectiva histórico-cultural como matriz de teorização acerca dos processos psicológicos superiores (cf. Vygotski, 2014), e se inserirmos nosso interesse pela atividade de trabalho nessa matriz histórico-cultural de teorização, veremos que tais processos relacionados à atividade de trabalho se inserem simultaneamente em quatro níveis ou contextos de funcionamento em interpenetração dinâmica: o contexto *individual-subjetivo* (o indivíduo em sua singularidade), o *interpessoal* (o indivíduo em interação com outro, como na relação professor-aluno), o *transpessoal* (como no caso da relação do indivíduo com grupos de pessoas, como os *coletivos de trabalho* sobre os quais falaremos na sequência) e o *impessoal* (como no caso da relação do indivíduo com aspectos da organização e do trabalho prescrito), com os atravessamentos da história, da economia e da cultura.

Centremos nossa atenção, aqui, nos *coletivos de trabalho*. São agrupamentos de trabalhadores de carne e osso, que compartilham um lócus de trabalho (organização ou contexto extraorganizacional, no caso dos autônomos), objetivos e metas de trabalho e que fornecem, também, suporte a cada trabalhador em termos de identidade social compartilhada (professores de tal escola em determinada região de determinada cidade). Um aspecto crucial a mencionar aqui diz respeito ao fato de que cada coletivo desenvolve uma gama de experiências, conhecimentos e vivências que lhes são internos, e nesse sentido são desconhecidos ou não devidamente valorizados por indivíduos externos a tais coletivos de trabalhadores – os pesquisadores e formadores oriundos da academia, por exemplo. As chamadas "capacitações" tradicionais de professores, usualmente, caracterizam-se por experiências unívocas em que alguns "especialistas", os formadores capacitadores (geralmente professores pesquisadores do circuito acadêmico-universitário), apresentam para os docentes treinandos determinados conteúdos e prescrições que, espera-se, irá instrumentalizá-los em sua prática profissional. Mas os coletivos desenvolvem adaptações, "traduções" do trabalho prescrito pela escola (ou Secretaria de Educação ou prescrições curriculares do poder fiscalizador central – MEC), que precisam ser levados em conta. O depoimento do professor M. abaixo ilustra esse ponto:

> **M:** Eu acho que eu tenho experiência pra dar um curso. Eu nunca parei pra pensar como é interessante a gente conversar com alguém sobre a experiência da gente. Apesar de a gente discutir no PNAIC, [...] me fez perceber isso aí. Que eu tenho muita experiência, uma experiência que é baseada na teoria, mas também aprendi muito com a prática. Né, então a ponte entre teoria e prática foi importante pra mim (*apud* Mascarenhas De Andrade, 2017).

A atividade de trabalho se torna real (ou realizada) quando é exercida em um contexto de coletivo de trabalho, pois é ele que possibilita a coconstrução de uma microcultura de trabalho (aquela que caracteriza o éthos de *determinado grupo de professores* que atuam em *determinada escola*) e de um *gênero profissional*, através do exercício profissional de trabalhadores que fazem sua própria leitura acerca do que é ser professor de Matemática. O conceito de gênero profissional, oriundo, nas formulações da Clínica da Atividade, de reflexões originárias do Círculo de Bakhtin (Clot, 2005) relativas ao conceito de gêneros textuais, diz respeito a uma construção abstrata que refletiria um conjunto de regras, expectativas, posturas e representações compartilhadas para determinados nichos profissionais. Nesse sentido, o gênero profissional não tem natureza tangível – ele não é localizável a não ser indiretamente, através das manifestações concretas, em situação de trabalho, dos coletivos de trabalho. A dificuldade de cada trabalhador em se referenciar a seu coletivo configura situação de risco psicossocial, o risco da *solidão* em contexto de trabalho que representa um dos aspectos mais importantes da precarização do trabalho (Bendassolli; Da Rocha Falcão, 2013). Esses autores, revisitando criticamente a noção de "trabalho sujo", demonstram que, diferentemente da crença difundida (inclusive na literatura) segundo a qual o que caracterizaria esta modalidade de trabalho seriam condições penosas, desagradáveis ou mesmo degradantes de trabalho (como no caso do trabalho de coveiros, limpadores de fossas ou periciadores de cadáveres), o trabalho sujo (no sentido de trabalho *precário* ou *precarizado*) seria um processo de esvaziamento e degradação conducente ao isolamento de seus trabalhadores. Na pesquisa que embasou sua dissertação de mestrado, sob minha direção, Letícia Mascarenhas de Andrade analisou uma amostra representativa dos professores do ensino básico da cidade de Natal (n = 172), e ao submeter as variáveis descritivas oriundas de seu questionário de coleta a uma análise descritiva multidimensional tipo *cluster* conseguiu obter dois perfis básicos, para os quais a variável "sentimento de solidão no contexto de trabalho" foi uma das mais importantes para a construção dos perfis de grupo obtidos: os profissionais do perfil I apresentaram uma tendência maior a sentirem-se *solitários no trabalho*, reconhecerem um baixo suporte social e menos momentos para discussão e reflexão coletiva no ambiente laboral, além de menor satisfação com as reuniões de planejamento pedagógico e tempo para planejamento, menor reconhecimento da existência de discussão teórica nas reuniões de planejamento e menor familiaridade com o Plano Pedagógico da escola de vínculo, ao contrário do que se verificou para o perfil II (Mascarenhas De Andrade; Da Rocha Falcão, 2018, p. 12).

## *O ideal do trabalho bem feito*

A abordagem do trabalho como atividade, tal qual proposto pela Clínica da Atividade, propõe que o ideal de trabalho bem feito ("*métier bien fait*", Clot, 2008) e sua vivência por parte do trabalhador é central para que o trabalho cumpra plenamente sua função, tanto como promotor do desenvolvimento do indivíduo como para atendimento das prescrições sociais que a atividade de trabalho precisa contemplar. Quais os critérios, a partir da Psicologia do Trabalho Fundada na Clínica da Atividade, para que o professor de Matemática avalie que consegue fazer bem seu trabalho? Apontamos aqui dois aspectos centrais e interligados:

- O trabalho bem feito se insere e se referencia claramente em um coletivo de trabalho no qual este professor se insere. Tal inserção não se confunde com submissão ao coletivo ou, no outro extremo, com o abandono deste e um mergulho no isolamento e solidão. É preciso aqui claramente estabelecer que nenhuma competência humana complexa pode florescer como algo que é função do que o indivíduo professor acumulou como "capital humano", como algo que é função apenas dele. Esta é a perspectiva que Da Rocha Falcão e Clot (2011) denominam "abordagem monológica do trabalho".

- O trabalho bem feito, por outro lado, diz respeito a uma iniciativa que recebe respaldo interno ("fiz bem meu trabalho") e externo ("ele fez/faz bem seu trabalho"), de forma simultânea. O trabalho bem feito comporta sempre um componente de *estilização* que vem do esforço bem-sucedido do indivíduo em especificar-se no contexto de seu coletivo. Tal inovação, uma vez aceita (pois nem toda inovação é facilmente aceita), incorpora-se ao patrimônio do coletivo e através dele, do próprio gênero profissional; com isso, a novidade imediatamente deixa de sê-lo, passando ao status de patrimônio coletivo, até que a próxima novidade venha promover nova desestabilização controlada, reiniciando o ciclo. O trabalho bem feito dependerá, portanto, do *poder de agir* (Clot, 2008) do indivíduo trabalhador - o quanto ele se sente capaz de efetivamente se fazer ouvir e se fazer considerar no seu coletivo, em prol do aperfeiçoamento do trabalho real e da sua aproximação do ideal proposto pelo trabalho prescrito. Vale finalmente salientar que a exploração daquilo que o professor é ou não capaz de fazer não pode se limitar à abordagem dos atos deste professor, sem nenhuma atenção para a dinâmica existente entre o professor e seu coletivo.

Capítulo IV

# Conclusão

## *Onde encontrar psicólogos da educação matemática?*

Concluímos o presente livro com a esperança de ter fornecido ao leitor subsídios no sentido de que a Psicologia da Educação Matemática tem contribuído tanto para a Psicologia em geral, onde se enraíza, quanto para a educação matemática.

Em termos de existência concreta, os psicólogos e psicólogas da educação matemática são um grupo pequeno no contexto da Psicologia brasileira, mas sempre presentes nas reuniões mais representativas do estado da arte na pesquisa, como é o caso das reuniões anuais da ANPPEP (Associação Nacional de Pesquisa e Pós-Graduação em Psicologia – https://www.anpepp.org.br/),[28] da SBP (Sociedade Brasileira de Psicologia – https://www.sbponline.org.br/) e, mais recentemente, da recém-criada SBPD (Sociedade Brasileira de Psicologia do Desenvolvimento – https://www.abpd.psc.br/). Do lado da educação, psicólogos da educação matemática têm mostrado presença nas reuniões anuais da ANPED (Associação Nacional de Pesquisa em Educação – https://www.anped.org.br/), bem como nos ENEMs (Encontro Nacional de Educação Matemática), patrocinados pela SBEM (Sociedade Brasileira de Educação Matemática – http://www.sbembrasil.org.br/sbembrasil/).

---

[28] Endereços deste e dos demais grupos de pesquisa e instituições mencionados nesta parte 3 podem ser encontrados no Apêndice 1 deste livro.

Em termos de presença internacional, detecta-se a presença (infelizmente bastante rarefeita...) de psicólogos da educação matemática nos encontros bianuais do ISSBD (International Society for the Study of Behavioral Development - https://issbd.org/) e uma presença mais significativa nos encontros anuais da JPS (Jean Piaget Society - https://piaget.org/). Ainda no âmbito internacional, vale enfatizar o contexto por excelência onde psicólogos da educação matemática precisam intensificar presença: trata-se dos encontros anuais do grupo PME (Psychology of Mathematics Education), apresentado já na abertura deste livro como um grupo de importância histórica para a Psicologia da Educação Matemática.

Em termos de contribuição teórica para a pesquisa, a Psicologia da Educação Matemática tem contribuído para a análise teórica da conceptualização em matemática, com os estudos internacionalmente conhecidos do grupo de pesquisa em Psicologia Cognitiva de Recife (Universidade Federal de Pernambuco), voltados para a análise de competências matemáticas escolares e extraescolares. Contribuições igualmente relevantes no campo da exploração de atitudes e representações sociais em relação à matemática têm sido produzidas por psicólogos da Faculdade de Educação da Universidade de Campinas (SP), vinculados ao PSIEM (Grupo de Pesquisa em Psicologia da Educação Matemática), bem como do Departamento de Educação da Universidade Federal de Pernambuco (UFPE). Finalmente, discussões envolvendo a interface entre Psicologia do Desenvolvimento e Psicologia da Educação Matemática, referentes a estruturas aditivas e multiplicativas, têm sido produzidas no Departamento de Psicologia da Universidade Federal do Rio de Janeiro (UFRJ), em parceria com o mesmo departamento da UFPE.

Em termos do debate teórico atual, a Psicologia da Educação Matemática tem mostrado presença significativa na retomada de ênfase em aspectos afetivos e no aprofundamento da discussão acerca do interesse de sistemas representacionais para a conceptualização em matemática e ciências. No que diz respeito a este último aspecto, referente a sistemas representacionais em geral, a abordagem dos atos de fala ou ações discursivas tem recebido de psicólogos da educação matemática especial impulso em termos de teorização e produção de pesquisa. Finalmente, começam a despontar contribuições importantes em termos da neuropsicologia da atividade matemática, muitas das quais oriundas de neuropsicólogos que têm buscado colaboração com psicólogos da educação matemática, como é o caso do grupo de pesquisa em Neuropsicologia da Rede Sarah de Hospitais (Brasília-DF), coordenado pela neuropsicóloga Lúcia Willadino Braga. Esta pesquisadora vem se dedicando ao mapeamento de caminhos neuronais relacionados a determinadas atividades matemáticas, como a atividade algébrica (Braga *et al.*, 2000).

Enfim, o esforço representado por ocasião do lançamento deste livro teve uma acolhida que nos motivou a revê-lo e atualizá-lo, de forma a não somente corrigir informações ultrapassadas, mas igualmente contemplar aspectos que anteriormente haviam passado em silêncio – como foi o caso, nesta edição, da consideração do professor de Matemática como trabalhador em contexto de precarização de sua atividade de trabalho. Há pouco mais de vinte anos, por ocasião da primeira edição, buscávamos demonstrar a pertinência e a produtividade deste campo de trabalho teórico e de pesquisa, que tem na interdisciplinaridade seu terreno de origem e seu ambiente obrigatório de interlocução. A receptividade do referido livro é um indício no sentido de que o que buscávamos demonstrar teve acolhida, notadamente para aqueles e aquelas a cargo da tarefa de oferecer educação matemática – que inclui a instrução, mas a ultrapassa. Quiçá a enormidade de desafios e problemas que restam a pensar sirva como motivadores para o longo caminho de desenvolvimento que temos pela frente. Gérard Vergnaud, figura de extrema centralidade no domínio da Psicologia da Educação Matemática, a quem dedicamos esta edição revista, escreveu que "todos perdem quando a pesquisa não é colocada em prática" (cf. https://tinyurl.com/mvjfjurb). Perde-se por causa do compromisso social da pesquisa, e perde-se adicionalmente porque os achados da pesquisa recebem outro tipo de referenciamento ao se deslocarem do laboratório para os diversos contextos de aplicação, como a sala de aula. Que o esforço de atualização do presente livro contribua para o desenvolvimento da Psicologia da Educação Matemática como domínio de teorização, de pesquisa e de instrumentalização do professor de Matemática.

# Referências


AMIGUES, R. *et al.* Le contrat didactique: différentes approches. *Interactions Didactiques*, v. 8, p. 1-77, 1988.

ARAÚJO, C. R. *et al.* Affective Aspects on Mathematics Conceptualization: from Dichotomies to an Integrated Approach. *Proceedings of the 27th International Conference for the Psychology of Mathematics Education*, Honolulu, v. 2, p. 269-76, 2003.

ARTIGUE, M. Ingéniérie didactique. *Recherches en didactique des mathématiques*, v. 9, n. 3, p. 281-308, 1988.

BACHELARD, G. *A formação do espírito científico*. Rio de Janeiro: Contraponto; São Paulo: Abril, 1996.

BENDASSOLLI, P. F.; DA ROCHA FALCÃO, J. T. Psicologia social do trabalho sujo: revendo conceitos e pensando em possibilidades teóricas para a agenda da psicologia nos contextos de trabalho. *Universitas Psychologica*, v. 12, p. 1155-1168, 2013.

BICUDO, M. A. V.; GARNICA, A. V. M. *Filosofia da Educação Matemática*. Belo Horizonte: Autêntica, 2002.

BODANSKII, F. The Formation of an Algebraic Method of Problem-Solving in Primary School Children. In: DAVIDOV, V. V. *Soviet Studies in Mathematics Education: Psychological Abilities of Primary School Children in Learning Mathematics*. Reston: NCTM, 1991. p. 275-338. v. 6.

BORBA, M. C.; GODOY PENTEADO, M. *Informática e Educação Matemática*. Belo Horizonte: Autêntica, 2002.

BRAGA, L. W. *et al.* Number Processing and Mental Calculation in School-Children Aged 7 to 10 Years: a Transcultural Comparison. *European Child and Adolescent Psychiatry*, v. 9, suplemento 2, p. II-1-II-19, 2000.

BREEN, C. Becoming More Aware: Psychoanalitic Insights Concerning fear and Relationship in the Mathematics Classroom. *Proceedings of the 24th Conference of the International Group for the Psychology of Mathematics Education*, Hiroshima, v. 2, p. 105-112, 2000.

BRITO LIMA, A. P.; DA ROCHA FALCÃO, J. T. Early Development of Algebraic Representation Among 6-13 Year-Old Children: the Importance of Didactic Contract. *XXI$^{th}$ International Conference for the Psychology of Mathematics Education PME-21*, Lahti, v. 2, p. 201-208, 1997.

BRITO LIMA, A. P. *Desenvolvimento da representação de igualdades em crianças de 1ª 6ª série do 1º grau*. Dissertação de mestrado não publicada. Recife: Universidade Federal de Pernambuco, 1996.

BROUSSEAU, G. *Théorie des situations didactiques*. Grenoble: La Pensée Sauvage, 1998.

BRUNER, J. S. *The Relevance of Education*. Middlesex: Penguin Books, 1972.

BRUNER, J. *Atos de significação*. Porto Alegre: Artes Médicas, 1997.

CABRAL, T. C. B.; BALDINO, R. R. Lacanian Psychoanalysis and Pedagogical Transfer: Affect and Cognition. *Proceedings of the 26$^{th}$ Conference of the International Group for the Psychology of Mathematics Education*, Norwich, v. 2, p. 169-176, 2002.

CANGUILLHEM, G. *O normal e o patológico*. São Paulo: Forense Universitária, 2006.

CAPPONI, B. *Calcul algébrique et programmation dans un tableur: le cas Multiplan*. Tese (Doutorado) – Université Grenoble-I, Grenoble, 1990.

CARRAHER, T. N.; CARRAHER, D. W.; SCHLIEMANN, A. D. Written and Oral Mathematics. *Journal for Research in Mathematics Education*, v. 18, n. 2, p. 83-97, 1987.

CARRAHER, T. N.; CARRAHER, D. W.; SCHLIEMANN, A. D. *Na vida dez, na escola zero*. São Paulo: Cortez, 1988.

CASSIRER, E. *Substance et fonction*. Paris: Les Éditions de Minuit, 1977.

CAUZINILLE-MARMÈCHE, E.; MATHIEU, J.; WEIL-BARAIS, A. Raisonnement analogique et résolution de problèmes. *L'Année Psychologique*, v. 85, p. 49-72, 1985.

CHEVALLARD, Y. *La transposition didactique*. Grenoble: La Pensée Sauvage, 1986.

CHEVALLARD, Y. Le passage de l'arithmétique à l'algèbre dans l'enseignement des mathématiques au collège (troisième partie: voies d'attaque et problèmes didactiques). *Petit x*, v. 23, p. 5-38, 1990.

CLOT, Y. L'autoconfrontation croisée en analyse du travail: l'apport de la théorie bakhtinienne du dialogue. *Bibliothèque des cahiers de l'Institut de Lingüistique de Louvain* (BCILL), n. 115, p. 37-55, 2005.

CLOT, Y. *A função psicológica do trabalho*. Petrópolis: Vozes, 2006.

CLOT, Y. *Travail et pouvoir d'agir*. Paris: Presses Universitaires de France, 2008.

CORREIA, M. F. B.; CAMPOS, H. Psicologia Escolar: histórias, tendências e possibilidades. In: YAMAMOTO, O. H.; NETO, A. Cabral Neto. (Orgs.). *O psicólogo e a escola*. Natal: EDUFRN, 2000.

CORTES, A.; VERGNAUD, G.; KAVAFIAN, N. From Arithmetic to Algebra: Negotiating a Jump in the Learning Process. *Proceedings of the XIV$^{th}$ International Conference of the Psychology of Mathematics Education*, Mexico, 1990.

DAMÁSIO, A. *O erro de Descartes: emoção, razão e cérebro humano*. São Paulo: Companhia das Letras, 1996.

DA ROCHA FALCÃO, J. T. *Elementos de Psicologia Geral e do Trabalho em relação biunívoca*. Bragança Paulista: Horizontes, 2021.

DA ROCHA FALCÃO, J. T.; SILVA MESSIAS, J.; MASCARENHAS DE ANDRADE, L. R. O trabalho precário e o trabalho precarizado. In: FERREIRA, M. C.; DA ROCHA FALCÃO, J. T. (Orgs.). *Intensificação, precarização, esvaziamento do trabalho e margens de enfrentamento*. Natal: Editora da UFRN, 2020.

DA ROCHA FALCÃO, J. T. Do engenheiro didático ao trabalhador em risco psicossocial: vivências do professor de matemática. *Jornal Internacional de Estudos em Educação Matemática*, v. 10, n. 2, p. 123-129, 2017.

DA ROCHA FALCÃO, J. T.; CLOT, Y. Moving from a Monological Theoretical Perspective of Emphasis on the "Right Answer" to an Alternative Dialogical Perspective of Emphasis on the "Power of Acting" in Studying Mathematical Competence. *International Society For Cultural And Activity Research (ISCAR) Congress*, Rome, p. 5-10, set. 2011.

DA ROCHA FALCÃO, J. T.; HAZIN, I. Dez mitos acerca do ensino e da aprendizagem de matemática. *Pesquisas e práticas em Educação Matemática*, v. 1, n. 1, p. 27-48, 2007.

DA ROCHA FALCÃO, J. T. O gato e o número. In: PILLAR GROSSI, E. (Org.). *Por que ainda há quem não aprende? A Teoria*. Petrópolis: Vozes, 2003.

DA ROCHA FALCÃO, J. T. Psicologia e Educação Matemática. *Educação em revista*, n. 36, p. 205-221, 2002.

DA ROCHA FALCÃO, J. T.; HAZIN, I. Autoestima e desempenho em matemática: uma contribuição ao debate teórico-metodológico acerca das relações entre cognição e afetividade. *Anais do I Simpósio Brasileiro de Psicologia da Educação Matemática*. Curitiba: Editora da Universidade Tuiuti do Paraná e Universidade Federal do Paraná, v. 1, p. 37-50, 2002.

DA ROCHA FALCÃO, J. T. *et al.* Argumentation in the Context of a Didactic Sequence in Elementary Algebra. *Proceedings of 26th International Meeting Of Psychology Of Mathematics Education (PME)*, Norwich, v. 1, p. 272, 2002.

DA ROCHA FALCÃO, J. T. Thought and Language: Theorectical Explorations in the Context of Psychology of Mathematics Education. In: RABELO DE CASTRO, M.; FRANT, J. B. (Orgs.) *Pensamento e linguagem*. Rio de Janeiro: Edições GEPEM, 2001a. v. 2.

DA ROCHA FALCÃO, J. T. Learning environment for mathematics in school: towards a research agenda in psychology of mathematics education. *Proceedings of the 25rd Conference for te Psychology of Mathematics Education*, Utrecht, v. 1, p. 65-71, 2001b.

DA ROCHA FALCÃO, J. T.; MEIRA, L.; CORREIA, M. F. B. Construtos teóricos em Psicologia da Aprendizagem e do Desenvolvimento e a Psicologia Escolar: complementaridades, rupturas e perspectivas de intervenção. In: *XXXI Reunião Anual de Psicologia - Sociedade Brasileira de Psicologia*, p. 104-105, 2001.

DA ROCHA FALCÃO, J. T. *et al.* A didactic sequence for the introduction of algebraic activity in early elementary school. *Proceedings of 24th International Meeting Of Psychology Of Mathematics Education (PME)*, Hiroshima, v. 2, p. 209-216, 2000.

DA ROCHA FALCÃO, J. T.; LOOS, H. Diferenças de desempenho em matemática em função do gênero: dados recentes para uma discussão antiga. *Anais IV Encontro Pernambucano de Educação Matemática - Sociedade Brasileira de Educação Matemática*, p. 25-35, Recife, 1999.

DA ROCHA FALCÃO, J. T. Lenguaje algebraico: un enfoque psicológico. *Revista de Didáctica de las Matemáticas*, Barcelona, v. 14, p. 25-38, 1997.

DA ROCHA FALCÃO, J. T. A case study of algebraic scaffolding: from balance scale to algebraic notation. In: *XIXth International Conference For The Psychology Of Mathematics Education*, Recife, v. 2, p. 66–73, 1995.

DA ROCHA FALCÃO, J. T. A álgebra como ferramenta de representação e resolução de problemas. In: SCHLIEMANN, A. D. *et al. Estudos em Psicologia da Educação Matemática*. Recife: Editora Universitária UFPE, 1993.

DA ROCHA FALCÃO, J. T. *Représentation du problème, écriture de formules et guidage dans le passage de l'arithmetique à l'algèbre*. Tese (Doutorado) - Université de Paris-V/Sciences Humaines-Sorbonne, 1992.

DAMÁSIO, A. R. *O erro de Descartes: emoção, razão e cérebro humano*. São Paulo: Companhia das Letras, 1996.

DAMÁSIO, A. R. *O mistério da consciência*. São Paulo: Companhia das Letras, 2000.

D'AMBROSIO, U. *Da realidade à ação: reflexões sobre educação e matemática*. São Paulo: Summus Editorial, 1986.

D'AMBROSIO, U. Etnomatemática: um programa. *Educação Matemática em revista*, ano 1, n. 1-2, p. 5-11, 1993.

DAVYDOV, V. V. The psychological characteristics of the formation of elementary mathematical operations in children. In: CARPENTER, T. P.; MOSER, J. M.; ROMBERG, T. A. *Addition and subtraction: a cognitive perspective*. New Jersey: Lawrence Erlbaum Associates, 1982.

DE BELLIS, V. A.; GOLDIN, G. A. Aspects of affect: mathematical intimacy, mathematical integrity. *Proceedings of the 23th Conference of the International Group for the Psychology of Mathematics Education (PME)*, Haifa, v. 2, p. 249-256, 1999.

DE BRITO, M. R. F. Generalization in Algebra Problem-Solving and Attitudes Toward Mathematics. *Proceedings of the 20th Conference of the International Group for the Psychology of Mathematics Education (PME)*, Valencia, v. 1, p. 167, 1996.

DESCARTES, R. *Discurso do método*. São Paulo: Abril, 1973.

DESCARTES, R. *The passions of the soul*. Indianapolis: Hackett Publishing Company, 1989.

DE SOUZA, F. O. *Análise do comportamento e a neurociência: uma perspectiva histórica*. 2013. Dissertação (Mestrado em Psicologia) - Programa de Mestrado em

Psicologia Experimental, Pontifícia Universidade Católica de São Paulo, São Paulo, 2013.

DOUADY, R. Jeux de cadres et dialectique outil-objet. *Recherches en Didactique des Mathématiques*, v. 7–2, p. 5-31, 1986.

DROUIN, A.-M. Le modèle en questions. *Aster*, n. 7, p. 1-20, 1988.

EINSTEIN, A.; INFELD, L. *L'évolution des idées en physique*. Lausanne: Payot, 1978.

FENELON, J.-P. *Qu'est-ce que l'analyse des données?* Paris: Lefonen, 1981.

FILLOY, E.; ROJANO, T. From an Arithmetical Thought to an Algebraic Thought. In: *Proceedings of the VIth International Conference of the Psychology of Mathematics Education*, Wisconsin, 1984.

FONTES, F. F. *Teorização e conceitualização em Psicologia: o caso do burnout*. 126 f. 2016. Tese (Doutorado em Psicologia) - Programa de Pós-Graduação em Psicologia, Centro de Ciências Humanas, Letras e Artes, Universidade Federal do Rio Grande do Norte, Natal, 2016.

FREUDENTHAL, H. Notation mathématique. In: *Encyclopædia Universalis*. Paris: Encyclopædia Universalis S/A, v. 16, p. 474-480, 1989.

FRIAS, D. *et al*. Deficits cognitivos depresivos y rendimiento escolar. *Revista de psicología de la educación*, v. 2, n. 5, p. 61-80, 1990.

FUSON, K. C. Relations entre comptage et cardinalité chez les enfants de 2 à 8 ans. In: BIDEAUD, J.; MELJAC, C.; FISCHER, J. P. *Les chemins du nombre*. Lille: Presses Universitaires de Lille, 1991.

GINSBURG, H. P. The role of the personal in intellectual development. *Newsletter of the Institute for comparative human development*, v. 11, p. 8-15, 1989.

HALBWACHS, F. *La pensée physique chez l'enfant et le savant*. Neuchâtel: Delachaux et Niestlé, 1974.

HAZIN, I.; DA ROCHA FALCÃO, J. T.; LEITÃO, S. Mathematical Impairment Among Epileptic Children. In: NOVOTNÁ, J.; MORCOVÁ, H.; KRÁTKÁ, M.; STEHLÍKOVÁ, N. (Eds.). *Proceedings 30th Conference of the International Group for the Psychology of Mathematics Education*. Prague: PME, 2006. p. 249-256. v. 3.

HAZIN, I. *Autoestima e desempenho em matemática: uma contribuição ao debate acerca das relações entre cognição e afetividade*. Dissertação de mestrado não publicada. Recife, Pós-Graduação em Psicologia, Universidade Federal de Pernambuco, 2000.

HAZIN, I.; DA ROCHA FALCÃO, J. T. Self-esteem and Performance in School Mathematics: a Contribution to the Debate about the Relationship Between Cognition and Affect. In: *Proceedings of the 25rd Conference for the Psychology of Mathematics Education*, Utrecht, v. 3, p. 121-128, 2001. (Relatório de pesquisa.)

HOST, V. Systèmes et modèles: quelques répères bibliographiques. *Aster*, v. 8, p. 187-209, 1989.

NATIONAL COUNCIL OF TEACHERS OF MATHEMATICS (NCTM) ICME 3: WHAT WAS IT? *The Mathematics Teacher*, v. 70, n. 5, p. 436-441, 1977.

INHELDER, B.; BOVET, M; SINCLAIR, H. *Aprendizagem e estruturas do conhecimento*. São Paulo: Saraiva Editores, 1977.

INHELDER, B.; CELLÉRIER, G. *O desenrolar das descobertas da criança: um estudo sobre as microgêneses cognitivas*. Porto Alegre: Artes Médicas, 1996.

KANT, I. *Crítica da razão pura*. São Paulo: Editora Nova Cultural, 1996.

LABORDE, C. *Langue naturelle et écriture symbolique: deux codes en interaction dans l'enseignement mathématique*. Tese (Doutorado) – Université Scientifique et Médicale, Institut National Polytechnique de Grenoble, Grenoble (França), 1982.

LAKOFF, G.; NÚÑEZ, R. E. *Where mathematics comes from: how the embodied mind brings mathematics into being*. New York: Basic Books: 2000.

LATOUR, B. *Ciência em ação*. São Paulo: UNESP, 2000.

LAVE, J.; ROGOFF, B. *Everyday cognition: its development in social context*. Cambridge: Harvard University Press, 1984.

LAVE, J. *Cognition in practice*. Cambridge: Cambridge University Press, 1988.

LAVE, J.; SMITH, S.; BUTLER, M. *Problem solving as an everyday practice*. Palo Alto: Institute for Research on Learning, 1988.

LEITÃO, S. The potential of argument in knowledge building. In: *Human Development*, v. 43, n. 6, p. 332-360, 2000.

LEMKE, J. L. *Talking Science: Language, Learning and Values*. Norwood: Ablex Publishing Corporation, 1993.

LEONTIEV, A. N. Uma contribuição à teoria do desenvolvimento da psique infantil. In: VYGOTSKY, L. S.; LURIA, A. R.; LEONTIEV, A. N. *Linguagem, desenvolvimento e aprendizagem*. São Paulo: Ícone/EDUSP, 1994.

LINS, R. C.; GIMENEZ, J. *Perspectivas em aritmética e álgebra para o século XXI*. São Paulo: Papirus, 1997.

LINS LESSA, M. M. *Balança de dois pratos e problemas verbais como ambiente didáticos para iniciação à álgebra: um estudo comparativo*. Dissertação (Mestrado) – Universidade Federal de Pernambuco, Recife/PE, 1996.

LURIA, A. R. O cérebro humano e a atividade consciente. In: VIGOTSKII, L.; LURIA, A. R.; LEONTIEV, A. *Linguagem, desenvolvimento e aprendizagem*. São Paulo: Ícone, 1994.

LURIA, A. R. *Fundamentos de neuropsicologia*. São Paulo: Edusp, 1981.

MCLEOD, D. B. Research on Affect in Mathematics Education: a Reconceptualization. In: GROUWS, D.A. (Ed.). *Handbook of Research on Mathematics Teaching and Learning*. Toronto: MacMillan Publishing Company, 1992.

MARCUSCHI, E.; SOARES, E. *Avaliação educacional e currículo: inclusão e pluralidade*. Recife: Editora da Universidade Federal de Pernambuco, 1997.

MASCARENHAS DE ANDRADE, L. R. *O professor polivalente dos anos iniciais do ensino fundamental da rede municipal de Natal/RN: trabalho, vivência e mediações*. 2017. Dissertação (Mestrado em Psicologia) – Programa de Pós-Graduação em Psicologia, Universidade Federal do Rio Grande do Norte, Natal, 2017. (Ainda não publicada em repositório.)

MASCARENHAS DE ANDRADE, L. R.; DA ROCHA FALCÃO, J. T. Atividade docente e mediações: vivências no 1º ano do município de Natal/RN. *Revista Psicologia Escolar e Educacional*, v. 22, n. 2, p. 369-376, 2018.

MARGOLINAS, C. Interrelations Between Different Levels of Didactic Analysis about Elementary Algebra. In: *Proceedings of the XV$^{th}$ Meeting of the PME*, p. 381-388, 1991.

MEIRA, L. O "mundo real" e o dia a dia no ensino de matemática. *Educação Matemática em revista*, n. 1, 2 semestre, p. 19-27, 1993.

MEIRA, L.; DA ROCHA FALCÃO, J. T. A experiência matemática na escola de 1° grau. *Educação Matemática em Revista*, SBEM, ano 1, n. 2, 1994.

MOULOUD, N. Modèle. *Encyclopædia Universalis*, Paris, v. 15, p. 529-544, 1989.

MUSIAL, M.; PRADÈRE, F.; TRICOT, A. L'ingénierie didactique, une démarche pour enseigner rationnellement. *Technologie*, v. 180, n. 24, p. 54-59, 2012.

NUNES, T. O papel da representação na resolução de problemas. *Dynamis*, v. 1, n. 7, p. 19-27, 1994.

NUNES, T. Systems of Signs and Mathematical Reasoning. In: NUNES, T.; BRYANT, P. *Learning and Teaching Mathematics: an International Perspective*. London: Psychology Press, 1997.

PAIS, L. C. Transposição didática. In: ALCÂNTARA MACHADO, S. D. (Org.). *Educação Matemática: uma introdução*. São Paulo: Educ, 1999.

PAIS, L. C. *Didática da Matemática: uma análise da influência francesa*. Belo Horizonte: Autêntica, 2002.

PAVLOV, I. P. O reflexo condicionado. In: *Textos escolhidos*. São Paulo: Abril, 1974.

PEHKONEN, E.; FURINGHETTI, F. Towards a Common Characterization of Beliefs and Conceptions. In: *Proceedings of the 25$^{th}$ Conference of the International Group for the Psychology of Mathematics Education (PME)*, Utrecht (Netherlands), v. 1, p. 355, 2001.

PIAGET, J. *L'Epistémologie Génétique*. Paris: PUF, "Que sais-je?", n. 1399, 1970.

PIAGET, J. Inconscient affectif et inconscient cognitif. In: *Problèmes de psychologie génétique*. Paris: Médiations/Denoël-Gonthier, 1972.

PIAGET, J. A linguagem e as operações intelectuais. In: AJURIAGUERRA, J.; BRESSON, F.; FRAISSE, P.; INHELEDER, B.; OLÉRON, P. (Orgs.). *Problemas de psicolinguística*. São Paulo: Mestre Jou, 1973.

PIAGET, J. *L'Équilibration des structures cognitives*. Paris: PUF, 1975.

PIAGET, J.; GARCIA, R. *Psychogenèse et histoire des sciences*. Paris: Flammarion, 1983.

PIAGET, J., GRECO, P. *Aprendizagem e conhecimento*. Rio de Janeiro: Freitas Bastos, 1974.

RÉGNIER, J. C. Cognitive Styles, Learning and Teaching Mathematics. *Proceedings of the 19$^{th}$ Conference of the International Group for the Psychology of Mathematics Education (PME)*, Recife, v. 1, p. 219, 1995.

RIBEIRO, S. *Tempo de cérebro. Neurociências – Estudos Avançados*, v. 27, n. 77, p. 7-22, 2013.

ROJANO, T.; SUTHERLAND, R. Symbolising and Solving Algebra Word Problems: the Potential of a Spreadsheet Environment. In: *Proceedings of the XV$^{th}$ International Conference of the Psychology of Mathematics Education*, Assisi, v. 3, p. 207-213, 1991.

ROSCH, E. Natural categories. *Cognitive Psychology*, v. 4, p. 328-350, 1973.

ROUANET, H.; LE ROUX, B; BERT, M-C. *Statistique en sciences humaines: procédures naturelles*. Paris: Bordas, 1987.

SARTRE, J. P. *O existencialismo é um humanismo*. São Paulo: Editora Abril, 1973.

SAXE, G. B. Culture and Cognition: a Method of Study. In: SAXE, G. *Culture and Cognitive Development: studies in mathematical understanding.* New Jersey: Lawrence Erlbaum Associates, 1991.

SEARLE, J. R. *Mente, linguagem e sociedade*. Rio de Janeiro: Rocco, 2000.

SCHLÖGLMANN, W. Affect and Cognition: Two Poles of a Learning Process. In: BERGSTEN C.; GREVHOLM, B. (Eds.). *Conceptions of Mathematics: Proceedings of Norma 0*. Linköping: Svensk Förening för Matematikdidaktisk Forskning, 2001. p. 215-222.

SKINNER, B. F. *Walden II: uma sociedade do futuro*. São Paulo: EPU – Editora Pedagógica e Universitária Ltda, 1972.

SKINNER, B. F. *Sobre o behaviorismo*. São Paulo: Cultrix; Editora da Universidade de São Paulo, 1982.

SOUZA, S. J. O psicólogo na educação: identidade e (trans)formação. In: NOVAES, M.H.; FERREIRA DE BRITO, M.R. (Orgs.). *Psicologia na educação: articulação entre pesquisa, formação e prática pedagógica*. Rio de Janeiro: Coletâneas da ANPPEP – Associação Nacional de Pesquisa e Pós-Graduação em Psicologia (ANPPEP), 1996.

SCHUBAUER-LEONI, M. L. Le contrat didactique: un cadre interprétatif pour comprendre les savoirs manifestés par les élèves en mathématique. *European Journal of Psychology of Education*, v. I, n. 2, p. 139-153, 1986.

SPINILLO, A.; LABRES LAUTERT, S.; SOUZA ROSA BORBA, R. E. *Mathematical Reasoning of Children and Adults: Teaching and Learning from an Interdisciplinary Perspective*. New York: Springer, 2021.

THORNDIKE, E. L. *The fundamentals of learning*. New York: Teachers College, 1932.

VALSINER, J. *Culture and human development*. London: Sage Publications, 2000.

VALSINER, J. *Comparative study of human cultural development*. Madrid: Fundación Infancia y Aprendizaje, 2001.

VAZ DE LIMA, E. *Burnout: a doença que não existe*. Curitiba, Editora Apris, 2021.

VERGNAUD, G. Conclusion (Chapter 18). In: JANVIER, C. (Ed.). (1987). *Problems of representation in the teaching and learning of mathematics*. Hillsdale: Lawrence Erlbaum Associates, 1987a.

VERGNAUD, G. Questions vives de la psychologie cognitive. In: *Colloque "Questions Vives de la Psychologie"*, Aix-en-Provence, out. 1987b.

VERGNAUD, G. La théorie des champs conceptuels. *Recherches en Didactique des Mathématiques*, 10-23, p. 133-170, 1990.

VERGNAUD, G. Schèmes, algorithmes et script-algorithmes. In: *Séminaire Didactique des Concepts Mathématiques et Scientifiques*, Université Paris-V, Paris, 1991a. (Communication orale non-publiée.)

VERGNAUD, G. *Le sens de l'Algèbre*. Paris: Université Paris-V, 1991b. (Communication orale non-publiée.)

VERGNAUD, G. Que peut apporter l'analyse de l'activité à la formation des enseignants et des formateurs? *Carrefours de l'éducation*, 10, p. 49-63, 2000.

VYGOTSKI, L. S. *Histoire du développement des fonctions psychiques supérieures*. Paris: La Dispute, 2014.

VYGOTSKY, L. S. *Teoria e método em psicologia*. São Paulo: Martins Fontes, 1996.

VYGOTSKY, L. S. *Théorie des émotions: Étude historico-psychologique*. Paris: L'Harmattan, 1998.

VYGOTSKI, L. S. *A construção do pensamento e da linguagem*. São Paulo: Martins Fontes, 2001.

WALLON, H. *As origens do caráter na criança*. São Paulo: Nova Alexandria, 1995.

WEIL-BARAIS, A. *L'Homme cognitif*. Paris: Presses Universitaires de France, 1993.

WEIL-BARAIS, A.; LEMEIGNAN, G.; SERE, M.-G. Acquisition de connaissances scientifiques et développement. In: NETCHINE-GRYNBERG, G. (Org.). *Développement et fonctionnement cognitifs chez l'enfant*. Paris: PUF, 1990. p. 247-259.

WEYL-KAILEY, L. *Victoires sur les maths*. Paris: Éditions Robert Laffont, 1985.

WERTHEIMER, M. *Productive thinking*. New York: Harper & Row, 1959.

# Apêndice 1

## *Links úteis relacionados à Psicologia da Educação Matemática no Brasil e no mundo*

1. NUPPEM: Núcleo de Pesquisa em Psicologia da Educação Matemática - https://www.ufpe.br/nuppem/.
2. ANPPEP: Associação Nacional de Pesquisa e Pós-Graduação em Psicologia - https://www.anpepp.org.br/.
3. ANPED: Associação Nacional de Pesquisa em Educação - https://www.anped.org.br/.
4. SBEM: Sociedade Brasileira de Educação Matemática - http://www.sbembrasil.org.br/sbembrasil/.
5. SBEM: Sociedade Brasileira de Educação Matemática - http://www.sbem.com.br.
6. ISSBD: International Society for the Study of Behavioral Development - http://www.issbd.org.
7. JPS: Jean Piaget Society - http://www.piaget.org.
8. PME: Grupo Internacional Psychology of Mathematics Education - http://igpme.tripod.com.
9. PSIEM: Grupo de Pesquisa em Psicologia da Educação Matemática, da Faculdade de Educação da Universidade de Campinas (SP) - https://www.psiem.fe.unicamp.br/
10. Grupo de Pesquisa em Neuropsicologia da Rede Sarah de Hospitais (Brasília-DF) - https://www.sarah.br/

# Apêndice 2

## *Leituras recomendadas para aprofundamento no domínio da Psicologia da Educação Matemática:*


ALCÂNTARA MACHADO, S. D. Engenharia didática. In: Alcântara Machado, S. D. (Org.). *Educação Matemática: uma introdução.* São Paulo: Educ, 1999.

ALCÂNTARA MACHADO, S. D. (Org.). *Educação Matemática: uma introdução.* São Paulo: Educ, 1999.

BRITO, M. R. F. (Org.). *Psicologia da Educação Matemática.* Florianópolis: Editora Insular, 2001.

DA ROCHA FALCÃO, J. T. Do engenheiro didático ao trabalhador em risco psicossocial: vivências do professor de matemática. *Jornal Internacional de Estudos em Educação Matemática*, v. 10, n. 2, p. 123-129, 2017.

DA ROCHA FALCAO, J. T.; HAZIN, I. Heuristic Value of Eclecticism in Theory Development: the Case of Piagetian-Vygotskian Dialogue about Proportional Reasoning. *Integrative Psychological Behavioral Science*, DOI 10.1007/s12124-011-9188-1, 2011.

DA ROCHA FALCÃO, J. T. Os saberes oriundos da escola e aqueles oriundos da cultura extraescolar: hierarquia ou complementaridade? *Saber & Educar*, Porto, n. 13, p. 109-123, 2008.

DA ROCHA FALCÃO, J. T. Na vida dez, na escola dez: breve discussão crítica acerca de pressupostos psicológicos e seus desdobramentos sobre a avaliação em matemática escolar. *Vértices*, v. 10, p. 117-139, 2009.

DA ROCHA FALCÃO, J. T. Learning Environment for Mathematics in School: Towards a Research Agenda in Psychology of Mathematics Education. *Proceedings of the 25rd Conference for the Psychology of Mathematics Education*, Utrecht, v. 1, p. 65-71, 2001.

DA ROCHA FALCÃO, J. T. Alguns pontos básicos de reflexão acerca do "lugar" da Psicologia da Educação Matemática no contexto da pesquisa em Educação Matemática. *Anais do V EPEM (Encontro Pernambucano de Educação Matemática) – Sociedade Brasileira de Educação Matemática* (seção PE), Garanhuns (PE), 12 a 15 de outubro de 2002 (CD-ROM).

DA ROCHA FALCÃO, J. T. Psicologia e Educação Matemática. *Educação em revista*, n. 36, p. 205-221, 2002.

DA ROCHA FALCÃO, J. T. O gato e o número. In: PILLAR GROSSI, E. (Org). *Por que ainda há quem não aprende? A Teoria*. Petrópolis: Vozes, 2003.

HAZIN, I. *A atividade matemática de crianças com epilepsia idiopática generalizada do tipo ausência: contribuições da neuropsicologia e da psicologia cognitiva*. 2006. Tese (Doutorado em Psicologia) - Programa de Pós-Graduação em Psicologia Cognitiva, Universidade Federal de Pernambuco, Recife, 2006. (Ainda não publicada em repositório.)

HAZIN, I.; DA ROCHA FALCÃO, J. T. Self-Esteem and Performance in School Mathematics: a Contribution to the Debate about the Relationship Between Cognition and Affect. *Proceedings of the 25th Conference of the International Group for the Psychology of Mathematics Education* - PME, Utrecht (Netherlands), v. 3, p. 121-128, 2001.

MLODINOW, L. *O andar do bêbado: como o acaso determina nossas vidas*. Rio de Janeiro: Zahar, 2009.

MOYSÉS, L. *Aplicações de Vygotsky à Educação Matemática*. São Paulo: Papirus, 1997.

NUNES, T. N.; BRYANT, P. *Crianças fazendo matemática*. Porto Alegre: Artes Médicas, 1997.

PIAGET, J.; SZEMINSKA, A. *A gênese do número na criança*. Rio de Janeiro: Zahar Editores, 1971.

SCHLIEMANN, A.; CARRAHER, D.; SPINILLO, A.; MEIRA, L.; DA ROCHA FALCÃO, J. T.; ACIOLY-RÉGNIER, N. *Estudos em Psicologia da Educação Matemática*. Recife: Editora da UFPE, 1997.

SPINILLO, A.; LABRES LAUTERT, S.; SOUZA ROSA BORBA, R. E. *Mathematical Reasoning of Children and Adults: Teaching and Learning from an Interdisciplinary Perspective*. New York: Springer, 2021.

SINGH, S. *O último teorema de Fermat*. Rio de Janeiro: Editora Record, 1997.

UPINSKY, A.-A. *La perversion mathématique*. Monaco: L'Esprit et la Matiére - Rocher, 1985.

WINNICOT, D. W. Sum: eu sou. In: WINNICOT, D. W. *Tudo começa em casa*. São Paulo: Martins Fontes, 1999.

# Outros títulos da coleção

Tendências em Educação Matemática

**A formação matemática do professor:**
**licenciatura e prática docente escolar**
**Autores:** *Maria Manuela M. S. David* e *Plínio Cavalcante Moreira*

**Afeto em competições matemáticas inclusivas:**
**a relação dos jovens e suas famílias com a resolução de problemas**
**Autoras:** *Nélia Amado, Rosa Tomás Ferreira* e *Susana Carreira*

**Álgebra para a formação do professor:**
**explorando os conceitos de equação e de função**
**Autores:** *Alessandro Jacques Ribeiro e Helena Noronha Cury*

**A matemática nos anos iniciais do ensino fundamental:**
**tecendo fios do ensinar e do aprender**
**Autoras:** *Adair Mendes Nacarato, Brenda Leme da Silva Mengali* e
*Cármen Lúcia Brancaglion Passos*

**Análise de erros: o que podemos aprender com as respostas dos alunos**
**Autora:** *Helena Noronha Cury*

**Aprendizagem em geometria na educação básica:**
**a fotografia e a escrita na sala de aula**
**Autores:** *Adair Mendes Nacarato* e *Cleane Aparecida dos Santos*

**Brincar e jogar: enlaces teóricos e metodológicos**
**no campo da Educação Matemática**
**Autor:** *Cristiano Alberto Muniz*

**Da etnomatemática a arte-design e matrizes cíclicas**
**Autor:** *Paulus Gerdes*

**Descobrindo a geometria fractal: para a sala de aula**
**Autor:** *Ruy Madsen Barbosa*

**Diálogo e aprendizagem em Educação Matemática**
**Autores:** *Helle Alrø* e *Ole Skovsmose*

**Didática da Matemática: uma análise da influência francesa**
**Autor:** *Luiz Carlos Pais*

**Educação a distância online**
**Autores:** *Ana Paula dos Santos Malheiros, Marcelo de Carvalho Borba* e *Rúbia Barcelos Amaral Zulatto*

**Educação Estatística: teoria e prática em ambientes de modelagem matemática**
**Autores:** *Celso Ribeiro Campos, Maria Lúcia Lorenzetti Wodewotzki* e *Otávio Roberto Jacobini*

**Educação matemática de jovens e adultos: especificidades, desafios e contribuições**
**Autora:** *Maria da Conceição F. R. Fonseca*

**Educação matemática e educação especial: diálogos e contribuições**
**Autores:** *Ana Lúcia Manrique* e *Elton de Andrade Viana*

**Etnomatemática: elo entre as tradições e a modernidade**
**Autor:** *Ubiratan D'Ambrosio*

**Etnomatemática em movimento**
**Autoras:** *Claudia Glavam Duarte, Fernanda Wanderer, Gelsa Knijnik* e *Ieda Maria Giongo*

**Fases das tecnologias digitais em Educação Matemática: sala de aula e internet em movimento**
**Autores:** *George Gadanidis, Marcelo de Carvalho Borba* e *Ricardo Scucuglia Rodrigues da Silva*

**Filosofia da Educação Matemática**
**Autores:** *Antonio Vicente Marafioti Garnica e Maria Aparecida Viggiani Bicudo*

**História na Educação Matemática: propostas e desafios**
**Autores:** *Antonio Miguel* e *Maria Ângela Miorim*

**Informática e Educação Matemática**
**Autores:** *Marcelo de Carvalho Borba* e *Miriam Godoy Penteado*

**Interdisciplinaridade e aprendizagem da Matemática em sala de aula**
**Autores:** *Maria Manuela M. S. David* e *Vanessa Sena Tomaz*

**Investigações matemáticas na sala de aula**
**Autores:** *Hélia Oliveira, Joana Brocardo* e *João Pedro da Ponte*

**Lógica e linguagem cotidiana: verdade, coerência, comunicação, argumentação**
**Autores:** *Marisa Ortegoza da Cunha* e *Nílson José Machado*

**Matemática e Arte**
**Autor:** *Dirceu Zaleski Filho*

**Modelagem em Educação Matemática**
**Autores:** *Ademir Donizeti Caldeira, Ana Paula dos Santos Malheiros* e *João Frederico da Costa de Azevedo Meyer*

**O uso da calculadora nos anos iniciais do ensino fundamental**
**Autoras:** *Ana Coelho Vieira Selva* e *Rute Elizabete S. Borba*

**Pesquisa em ensino e sala de aula: diferentes vozes em uma investigação**
**Autores:** *Helber Rangel Formiga Leite de Almeida, Marcelo de Carvalho Borba* e *Telma Aparecida de Souza Gracias*

**Pesquisa qualitativa em Educação Matemática**
**Organizadores:** *Jussara de Loiola Araújo* e *Marcelo de Carvalho Borba (Orgs.)*

**Relações de gênero, Educação Matemática e discurso: enunciados sobre mulheres, homens e matemática**
**Autoras:** *Maria Celeste Reis Fernandes de Souza* e *Maria da Conceição F. R. Fonseca*

**Tendências internacionais em formação de professores de Matemática**
**Organizador:** *Marcelo de Carvalho Borba* (Org.)

**Vídeos na educação matemática: Paulo Freire e a quinta fase das tecnologias digitais**
**Autores:** *Daise Lago Pereira Souto, Marcelo de Carvalho Borba* e *Neil da Rocha Canedo Junior*

Este livro foi composto com tipografia Minion Pro e
impresso em papel Off-White 70 g/m² na Formato Artes Gráficas.